全国高职高专教育土建类专业教学指导委员会规划推荐教材

工程制图习题集

（供热通风与空调工程技术专业适用）

本教材编审委员会组织编写

尚久明　主　编

张敏黎　副主编

王　芳　主　审

中国建筑工业出版社

本习题集与全国高职高专教育土建类专业教学指导委员会规划推荐教材《工程制图》（供热通风与空调工程技术专业适用）配套使用。

本习题集按国家颁布的有关标准及规范、规定的要求编写。

本习题集选编了投影作图等制图基础理论和基本知识（投影作图、施工图识图及抄图资料）。

本习题集加强了与专业相关的内容，如展开图、工程管道双单线图、施工图识图及抄图等内容。其主要任务是培养学生的图示、图解、读图能力和空间思维能力，领会工程制图标准，掌握供热通风与空调专业工程图的识图方法与绘图技能，为学习专业课及其他课程打下良好的基础。

本习题集可作为高职高专供热通风与空调技术专业工程制图实践教学用书，同时，也可作相关专业和生产一线工程技术人员学习参考书。

前　言

本习题集与全国高职高专教育土建类专业教学指导委员会规划推荐教材《工程制图》（供热通风与空调技术专业适用）配套使用。

工程制图是一门实践性较强的课程，习题与作业是帮助学生理解、消化、巩固基础理论和基本知识不可缺少的重要环节；也是提高学生识图能力、绘图技能的有效手段。

本习题集本着专业特色、高等职业教育的特点，遵循通俗化、图解化和易读性的原则。选编了投影作图等制图基础理论和基本知识，给排水、暖通空调施工图识图及抄图资料等内容。

本习题集符合学生认识发展规律，具有由浅入深、读画结合、循序渐进、强化训练等特点。

本习题集加强了与专业相关的内容，如展开图、工程管道双单线图、施工图识图及抄图。

本习题集按国家颁布的《房屋建筑制图统一标准》（GB/T 50001—2001）、《总图制图标准》（GB/T 50103—2001）、《建筑制图标准》（GB/T 50104—2001）、《建筑结构制图标准》（GB/T 50105—2001）、《给水排水制图标准》（GB/T 50106—2001）、《暖通空调制图标准》（GB/T 50114—2001）标准及有关规范、规定的要求编写。

各学校在教学中可根据具体情况和教学需要作适当的删、补。

本习题集由沈阳建筑大学职业技术学院尚久明任主编、新疆建设职业技术学院王芳任主审。参加编写工作有：沈阳建筑大学职业技术学院尚久明“展开图、工程管道双单线图、给排水暖通空调施工识图及抄图作业指导书、给排水施工图资料、采暖施工图资料（一）、采暖施工图资料（二）、通风空调施工图资料”，广东建设职业技术学院徐宁“点、直线、平面的投影”，内蒙古建筑职业技术学院曾艳“立体的投影”，徐州建筑职业技术学院王晓燕“轴测投影、剖面与断面”，内蒙古建筑职业技术学院张敏黎“建筑施工图”。

由于编者水平有限，习题集中如有疏漏和差错之处，诚恳读者提出批评意见。

目 录

1. 根据直观立体图，作 A、B、C 三点的三面投影。

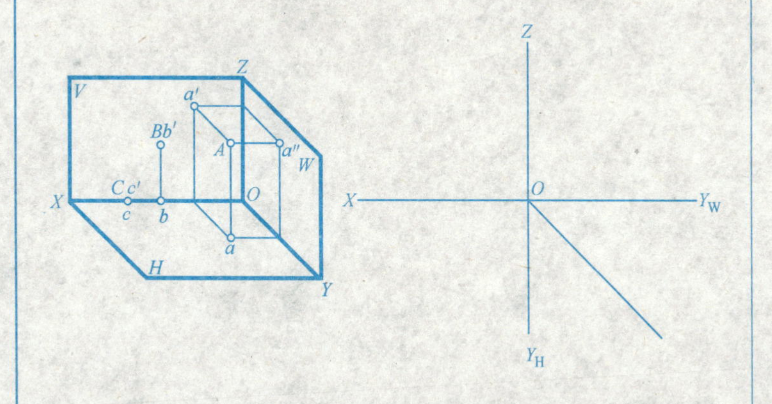

2. 求各点的第三面投影。

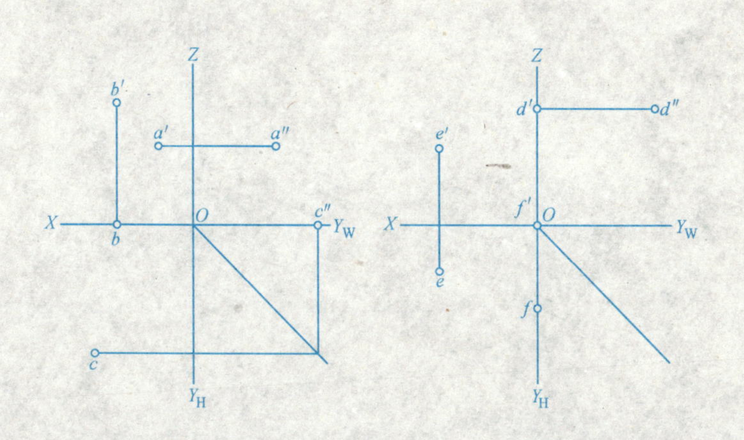

3. 比较两个点的相对位置关系并填空。

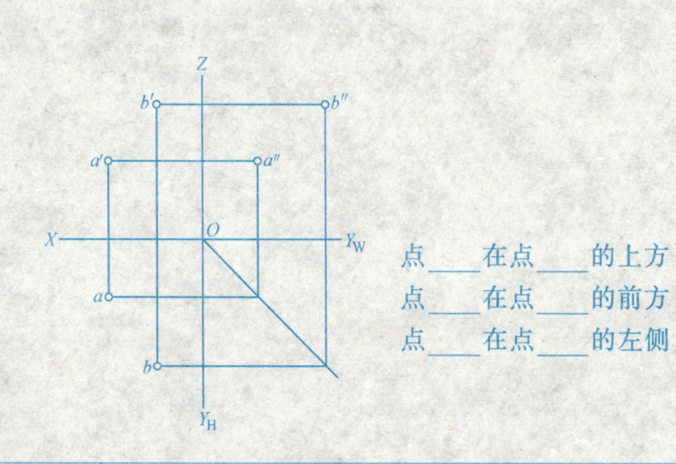

点____在点____的上方

点____在点____的前方

点____在点____的左侧

4. 点 B 在点 A 的上方 10mm，左方 15mm，前方 8mm；点 C 在点 B 的正右方 10mm。求点 B、点 C 的三面投影。重影点需要判别可见性。

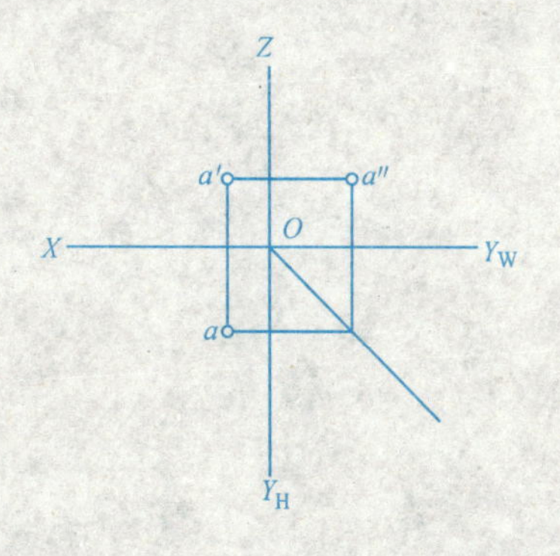

1.（1）在 AB 上找一点 C，使其分 AB 为 1∶2。

（2）已知点 C 在 AB 上，求 c'（不得用侧面投影）并判断点 D 是否在直线 AB 上。

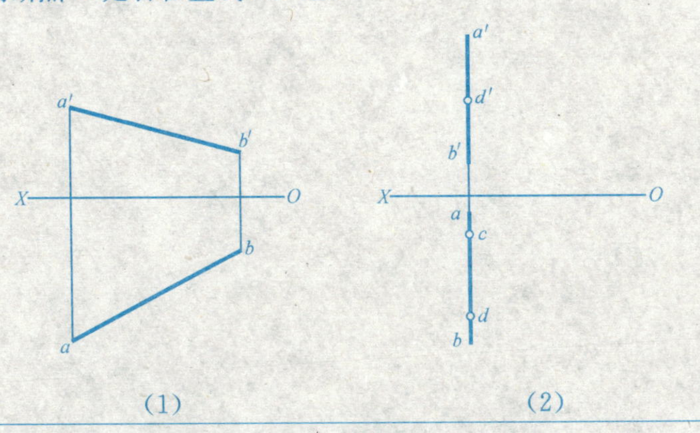

(1) (2)

2. 作下列直线的三面投影：

（1）水平线 AB，从点 A 向左、向前，$\beta=45°$，长 20mm。（2）正垂线 CD，从点 C 向后，长 15mm。

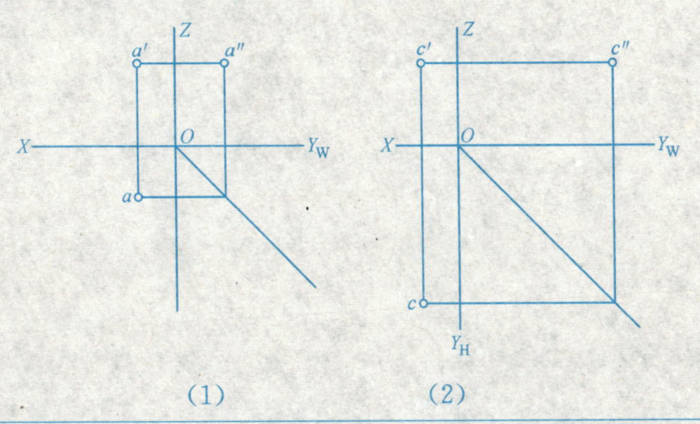

(1) (2)

3. 求直线的真长并标出所求的倾角。

（1）求 α、γ。

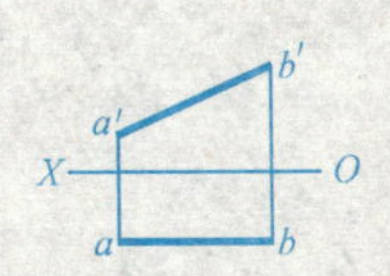

（2）求 α、β。

（3）求 β。

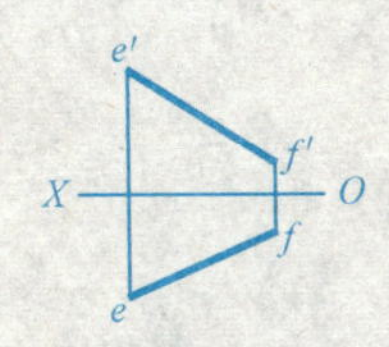

（4）求 α。

4. 分别在图（1）、（2）、（3）中，由点 A 作直线 AB 与 CD 相交，交点 B 距离 H 面 15mm。

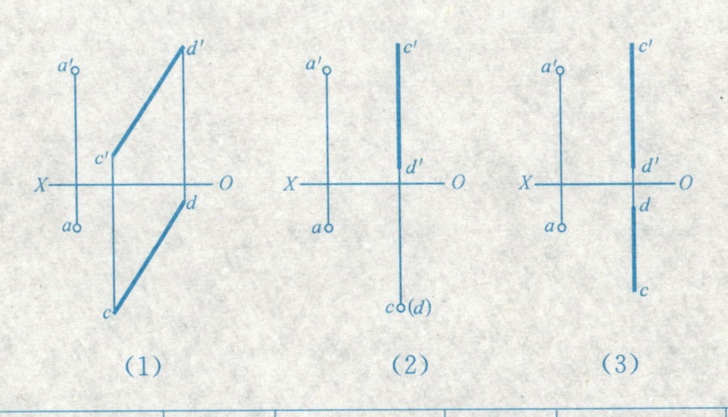

(1) (2) (3)

直线的投影（一）	班级		姓名		日期		2

1. 判断下列各图中两直线的相对位置。

(1)（　　）

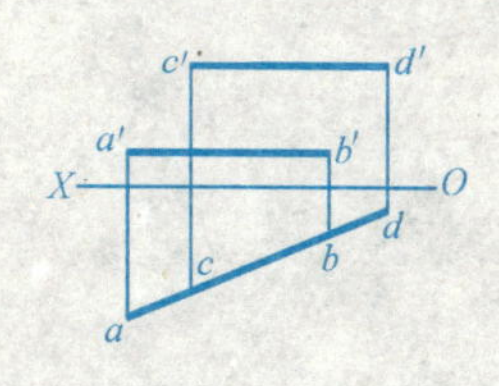

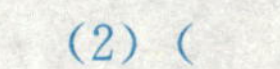
(2)（　　）

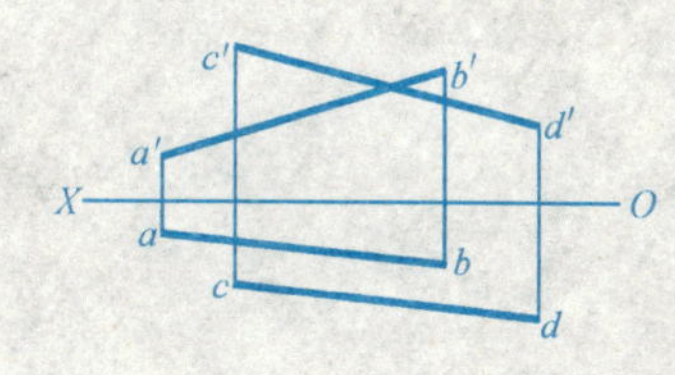

(3)（　　）

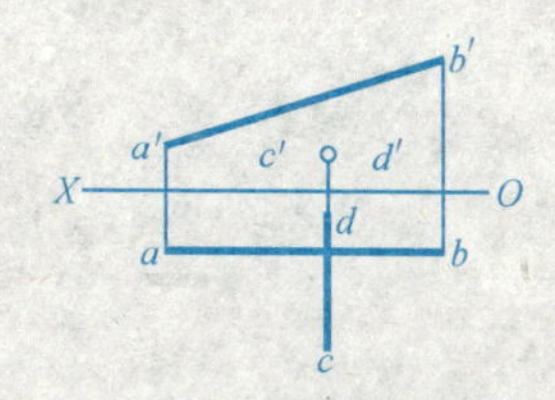

(4)（　　）

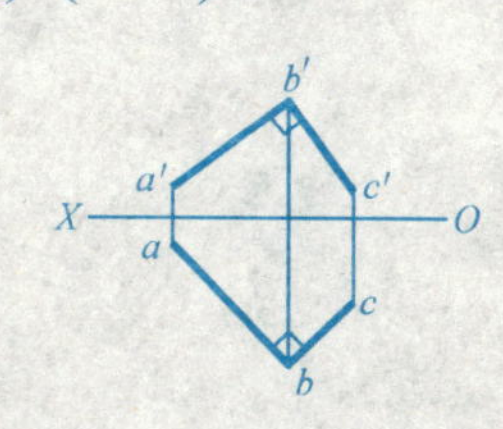

2. 过点 A 作直线 AB 与 CD、EF 两直线均相交。

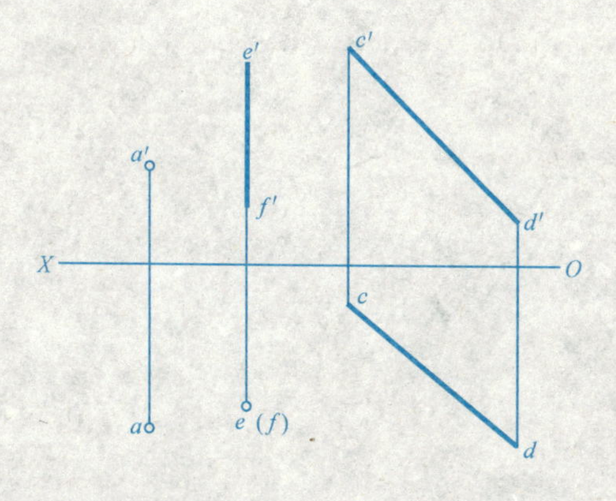

3. 作两交叉直线的公垂线 EF，分别交 AB、CD 于 EF，并标明 AB、CD 间的真实距离。

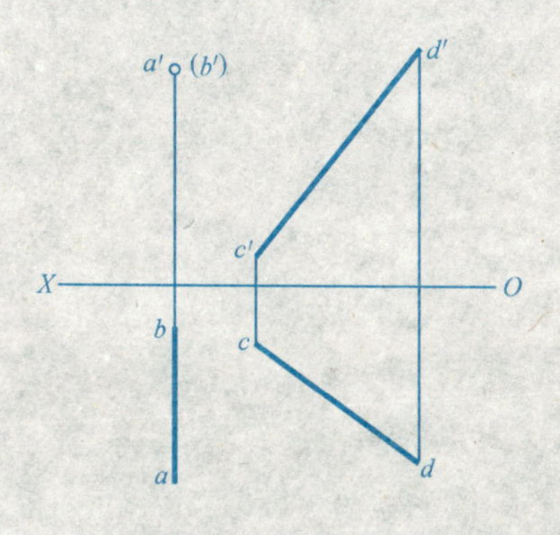

4. 由点 A 作直线 CD 的垂线 AB，垂足为 B，并求出点 A 与直线 CD 之间的真实距离。

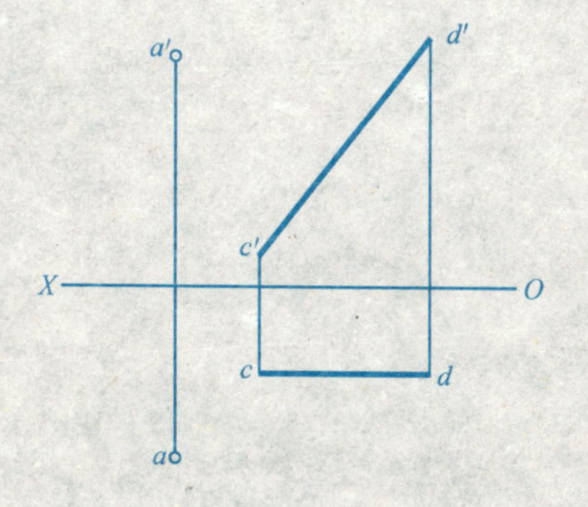

直线的投影（二）	班级		姓名		日期		

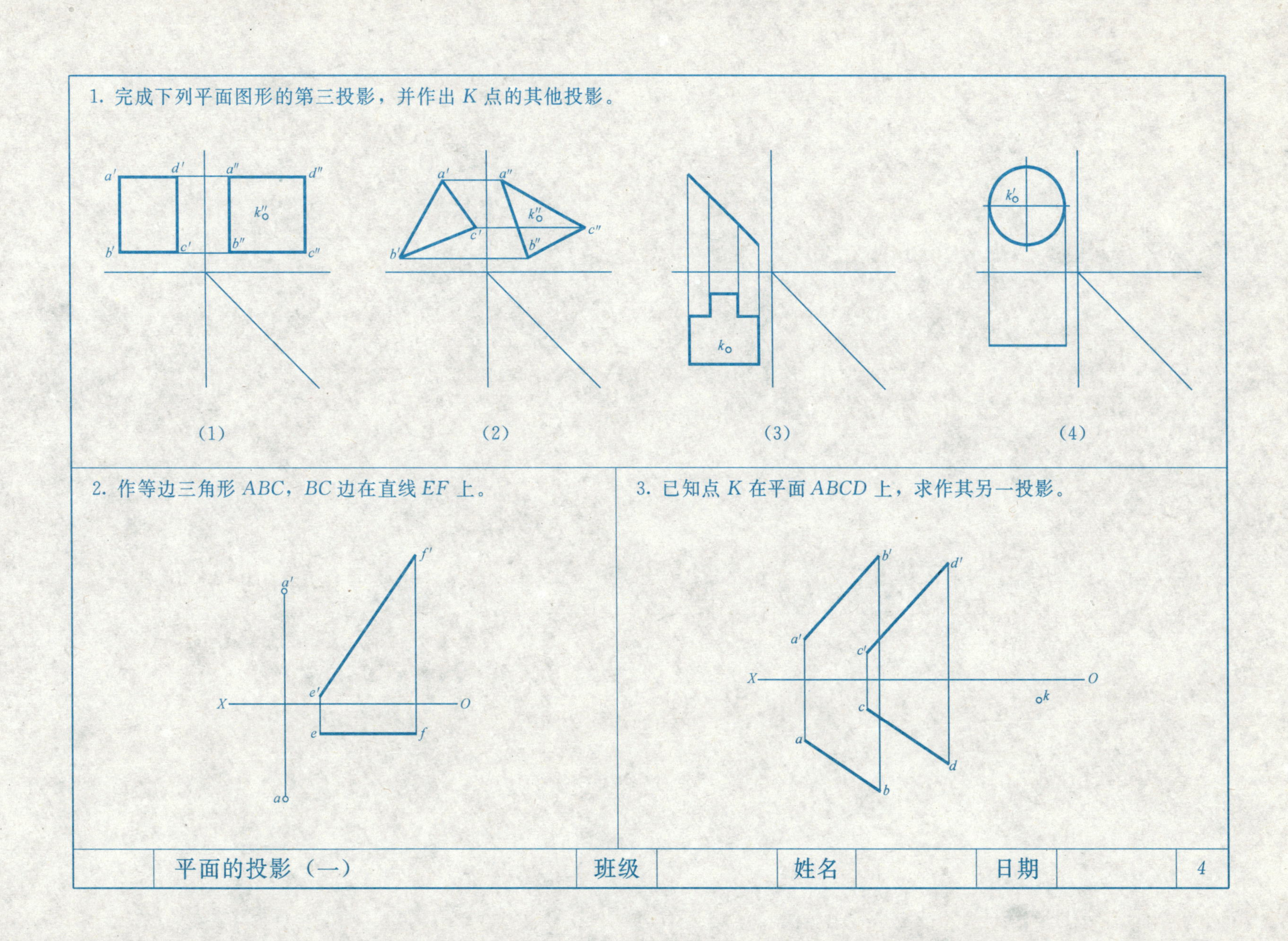
1. 完成下列平面图形的第三投影，并作出 K 点的其他投影。
a′
d′
a″
d″
k″
b′
c′
b″
c″
(1)
a′
a″
k″
c′
c″
b′
b″
(2)
k
(3)
k′
(4)
2. 作等边三角形 ABC，BC 边在直线 EF 上。
f′
a′
e′
X
O
e
f
a
3. 已知点 K 在平面 ABCD 上，求作其另一投影。
b′
d′
a′
c′
X
O
k
c
a
d
b
平面的投影（一）
班级
姓名
日期
4

1. 已知三角形 ABC 在平面 $DEFG$ 上，求作其另一投影。

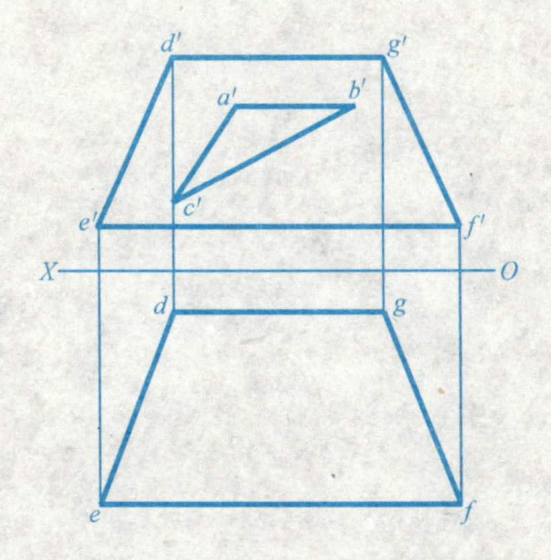

2. 补全平面图形 $ABCDE$ 的正面投影。

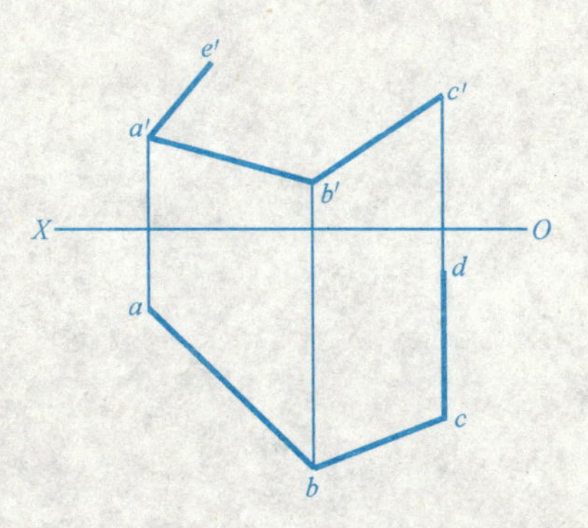

3. 在△ABC 平面内作一点 K，使其距 H 面 16mm，距 V 面 20mm。

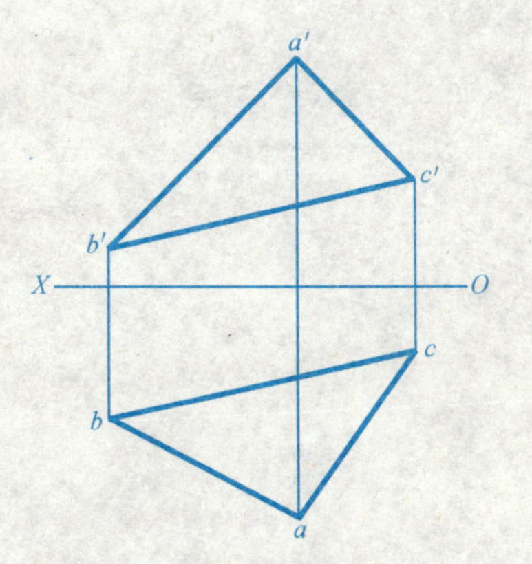

4. 在△ABC 平面内作属于该平面的水平线，该直线在 H 面之上 15mm；作属于该平面的正平线，该直线在 V 面之前 15mm。

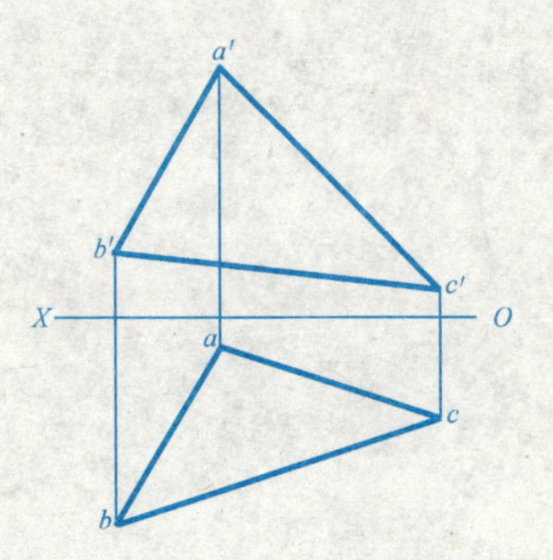

	平面的投影（二）	班级		姓名		日期		5

1. △*ABC* 平行于直线 *DE* 和 *FG*，补全△*ABC* 的水平投影。

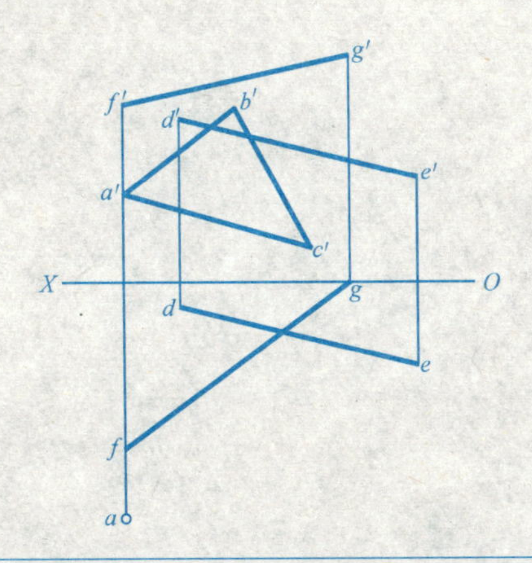

2. 求直线与平面的交点，并判别可见性。

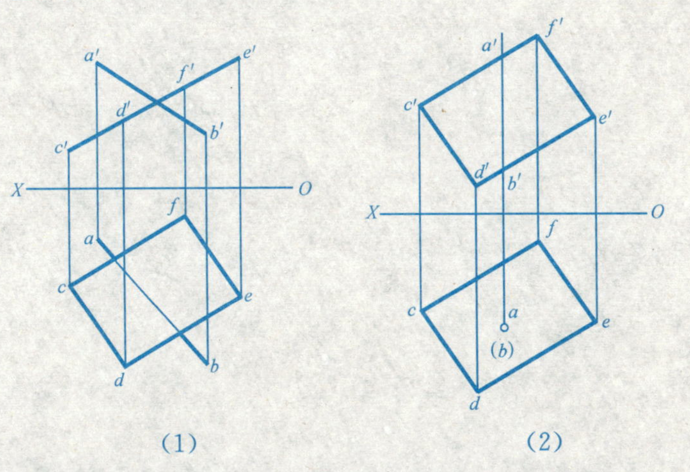

3. 求直线 *AB* 与平面 *CDEF* 的交点，并判别可见性。

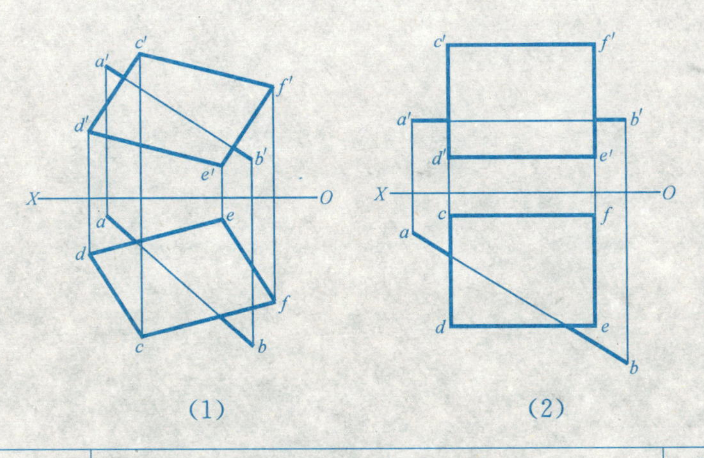

4. 过点 *K* 作平面的垂线，并求出垂足。

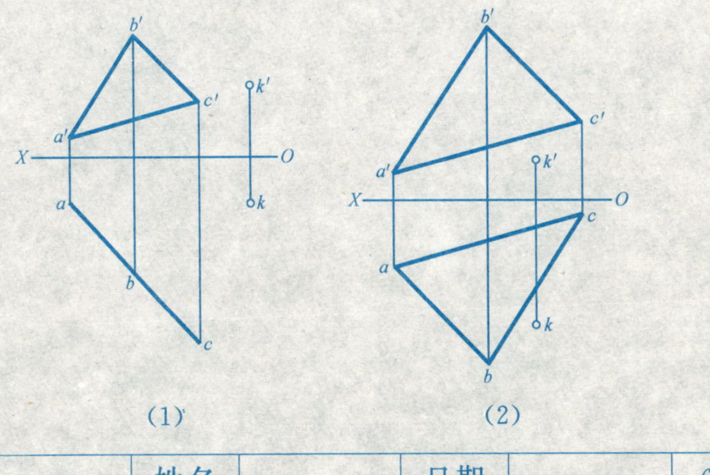

1. 已知△DEF//△ABC，请完成△DEF的水平投影。

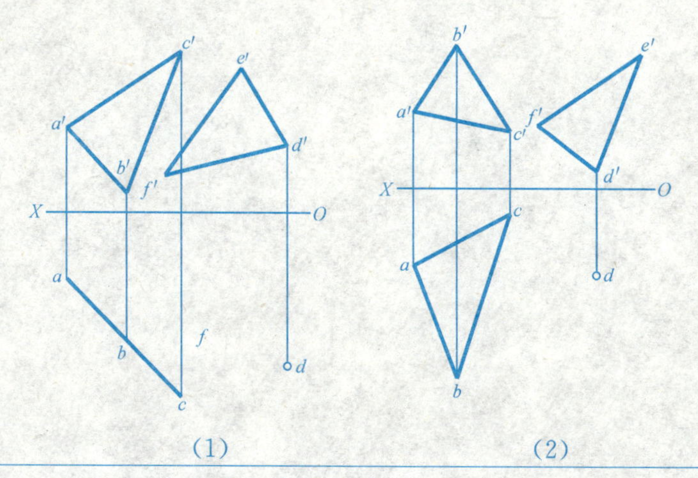

(1)　　(2)

2. 求两平面的交线，并判别可见性。

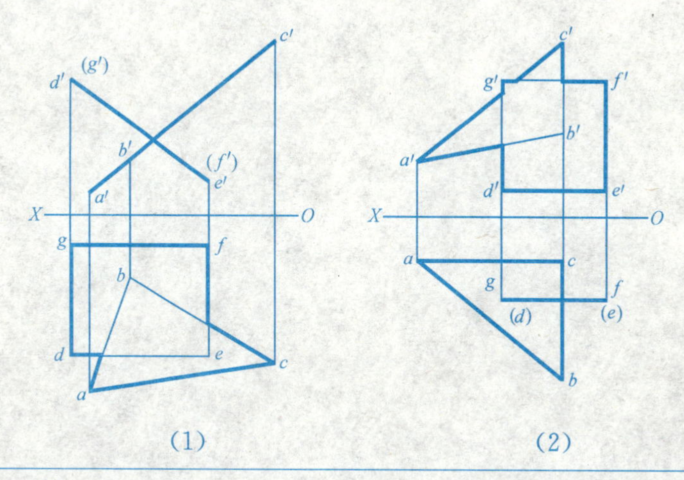

(1)　　(2)

3. 求两平面的交线，并判别可见性。

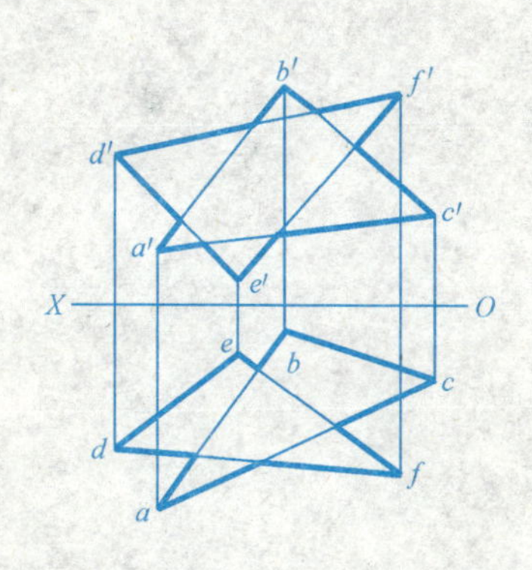

4. 已知△DEF垂直于△ABC，请完成△DEF的水平投影。

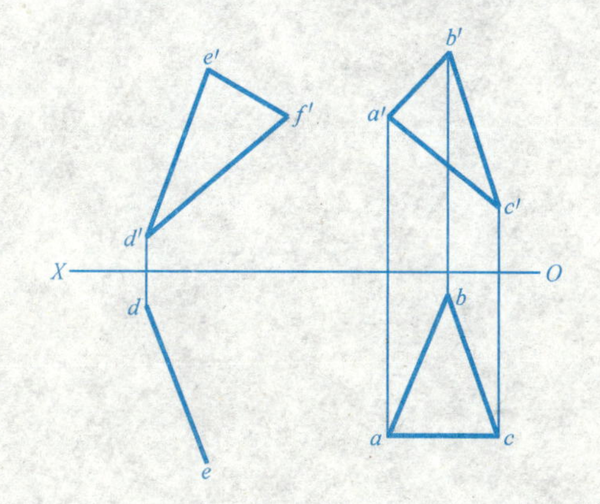

	平面与平面的相对位置	班级		姓名		日期		7

1. 过点 K 作直线与两直线 AB、CD 均相交。

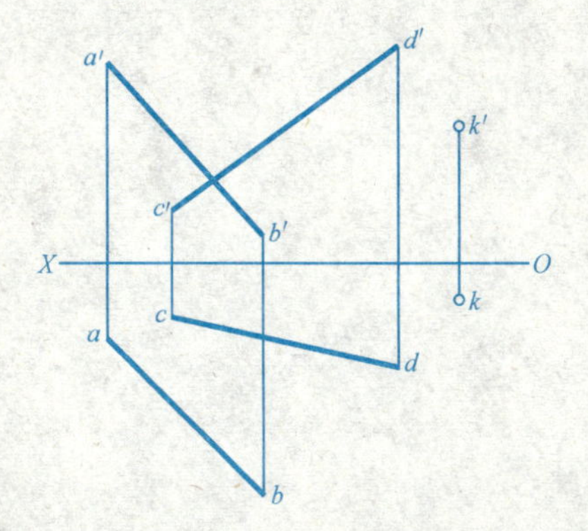

2. 作直线与 AB、CD 都相交，且并行于直线 EF。

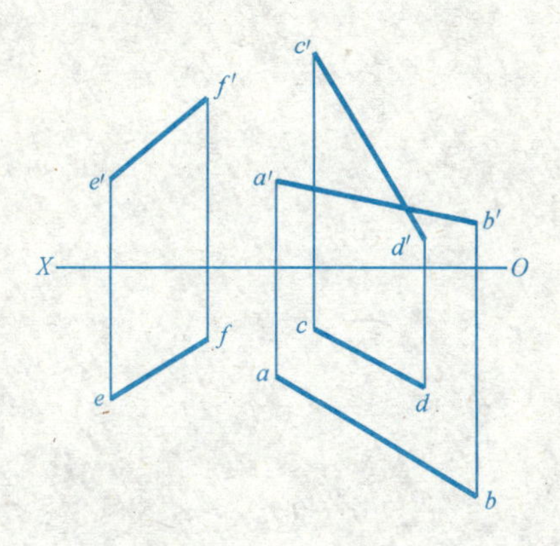

3. 过点 A 作直线 AB，平行于三角形 CDE，并与直线 FG 交于 B 点。

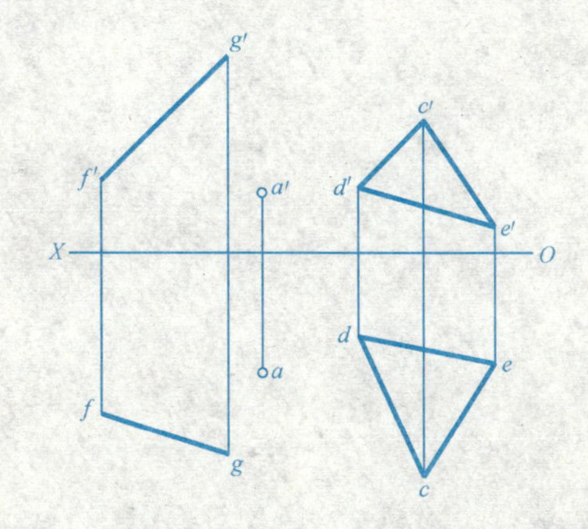

4. 作等腰三角形 CDE，边 $CD=CE$，顶点 C 在直线 AB 上。

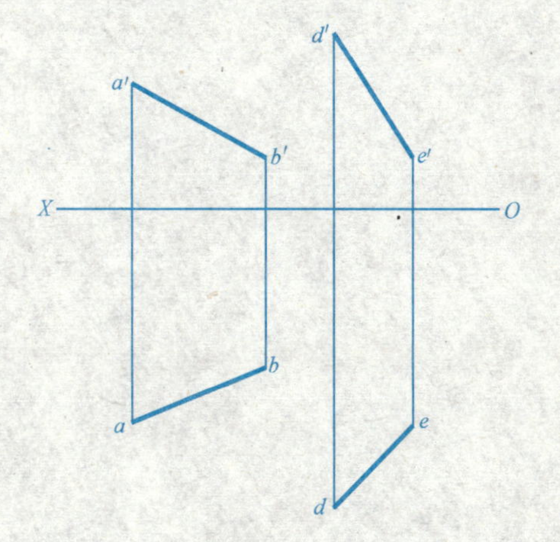

1. 过点 A 作一平面平行于直线 BC，并垂直于平面 $DEFG$。

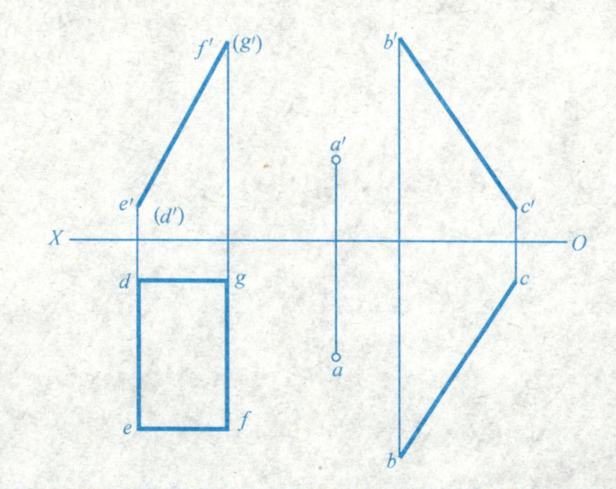

2. 过点 A 作一直线平行于平面 $DEFG$，与直线 BC 垂直。

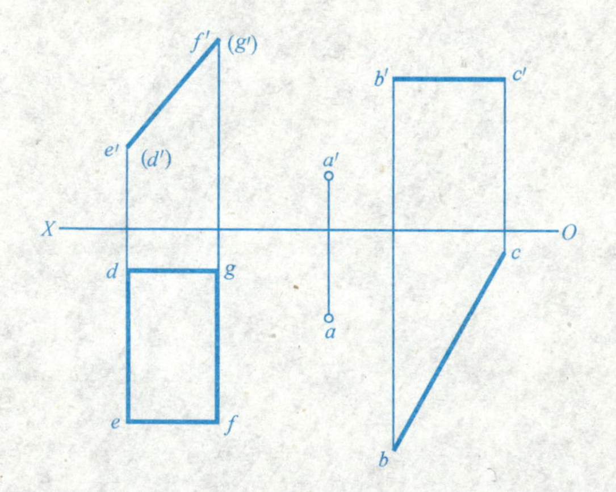

3. 作等腰△ABC 的投影图，已知腰 AB 的两投影，并知底边在直线 BD 上。

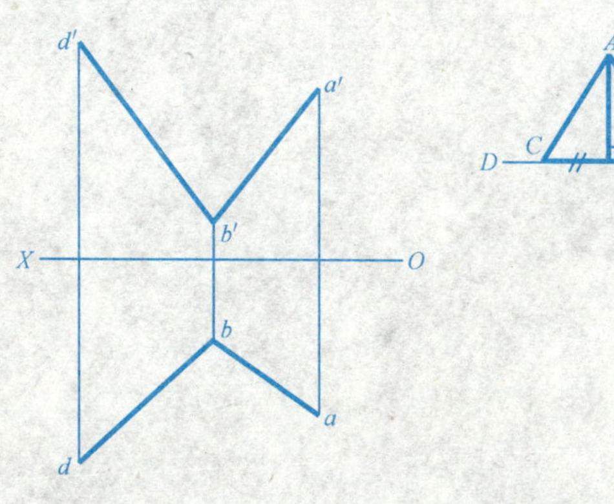

A
C
D
B

4. 已知一矩形相邻两边 AB、BC 的 V 面投影和其中一边 AB 的 H 面投影，试完成该矩形的投影。

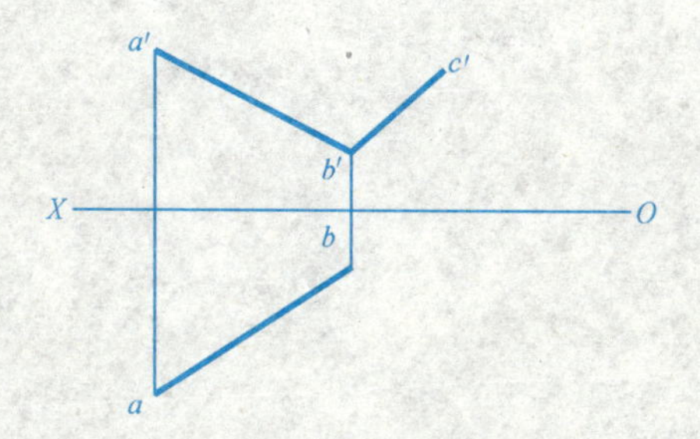

1. 平面体的投影

（1）已知正五棱柱高为 20mm，下底面与 *H* 面平行且距离为 5mm，试作五棱柱的 *V*、*W* 面的投影。

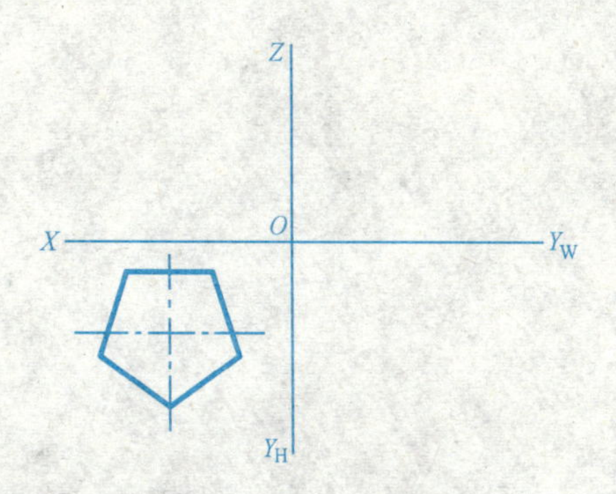

（2）已知正六棱锥高为 20mm，下底面与 *V* 面平行且距离为 5mm，试作六棱锥的 *H*、*W* 面的投影。

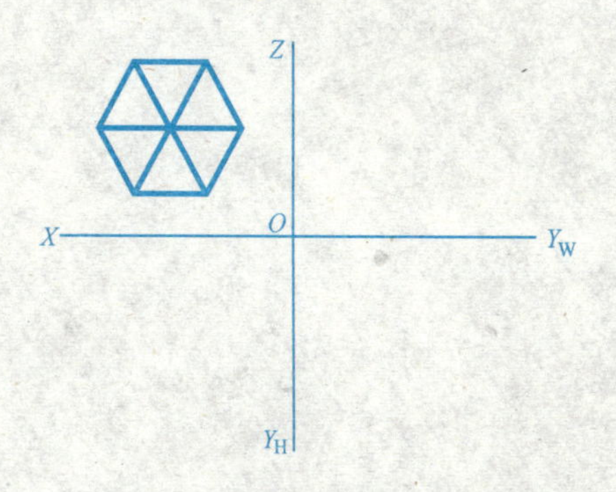

（3）作四棱柱的 *W* 面投影，并求其表面上 *A*、*B*、*C*、*D* 点的另两面投影。

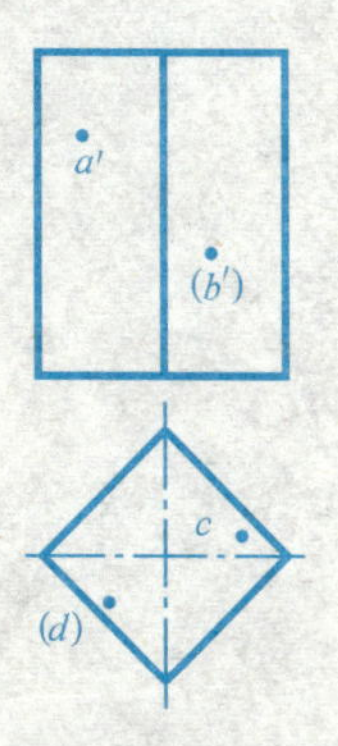

（4）作五棱锥体表面上点 *A*、*D* 及直线 *BC* 的另两面投影。

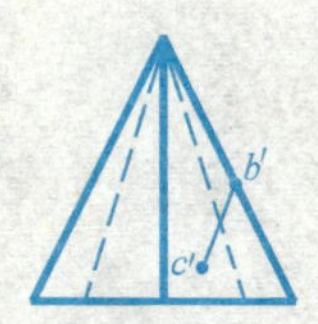

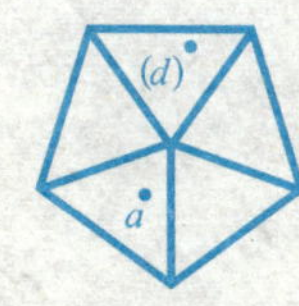

2. 曲面体的投影

(1) 作圆柱的侧面投影，并求其表面上 A、B、C、D、E 点的另两面投影。

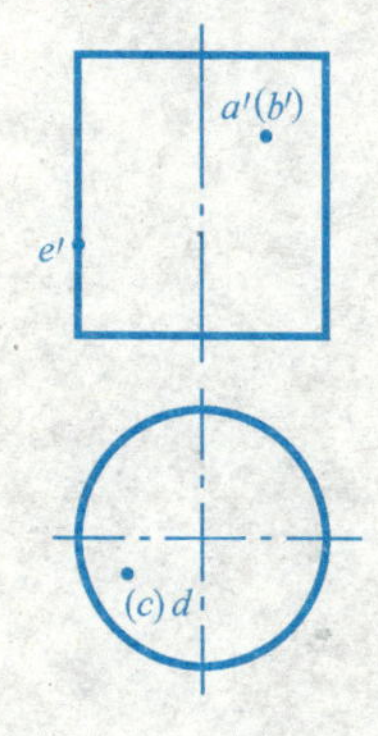

(2) 作圆锥的侧面投影，并求其表面上 A、B、C 点的另两面投影。

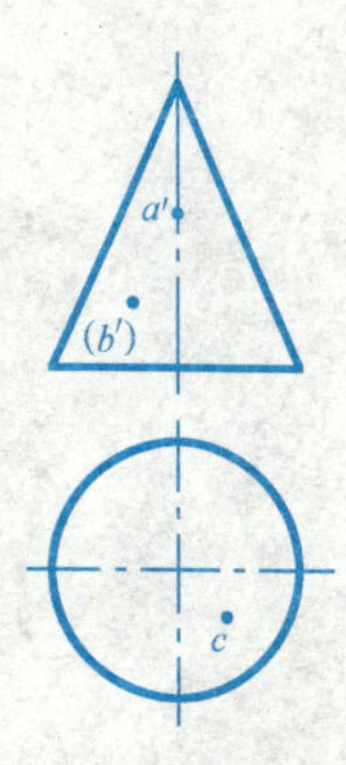

(3) 作圆锥的水平面投影，并求其表面上 C 点及曲线 AB 的另两面投影。

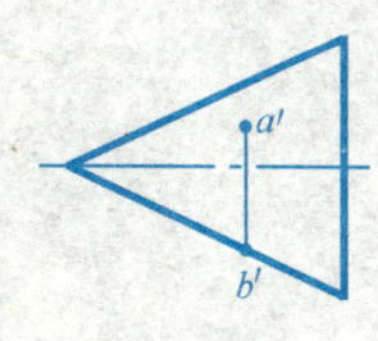

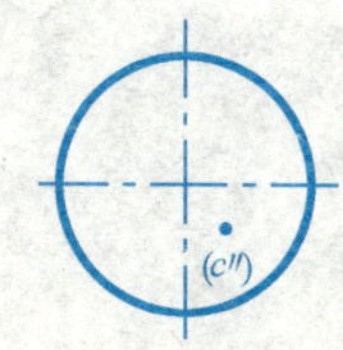

(4) 作球体的侧面投影，并求其表面上 C、D 点及曲线 AB 的另两面投影。

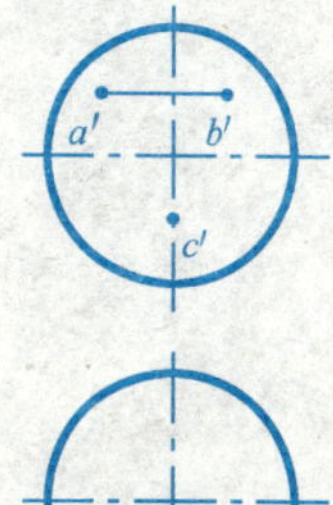

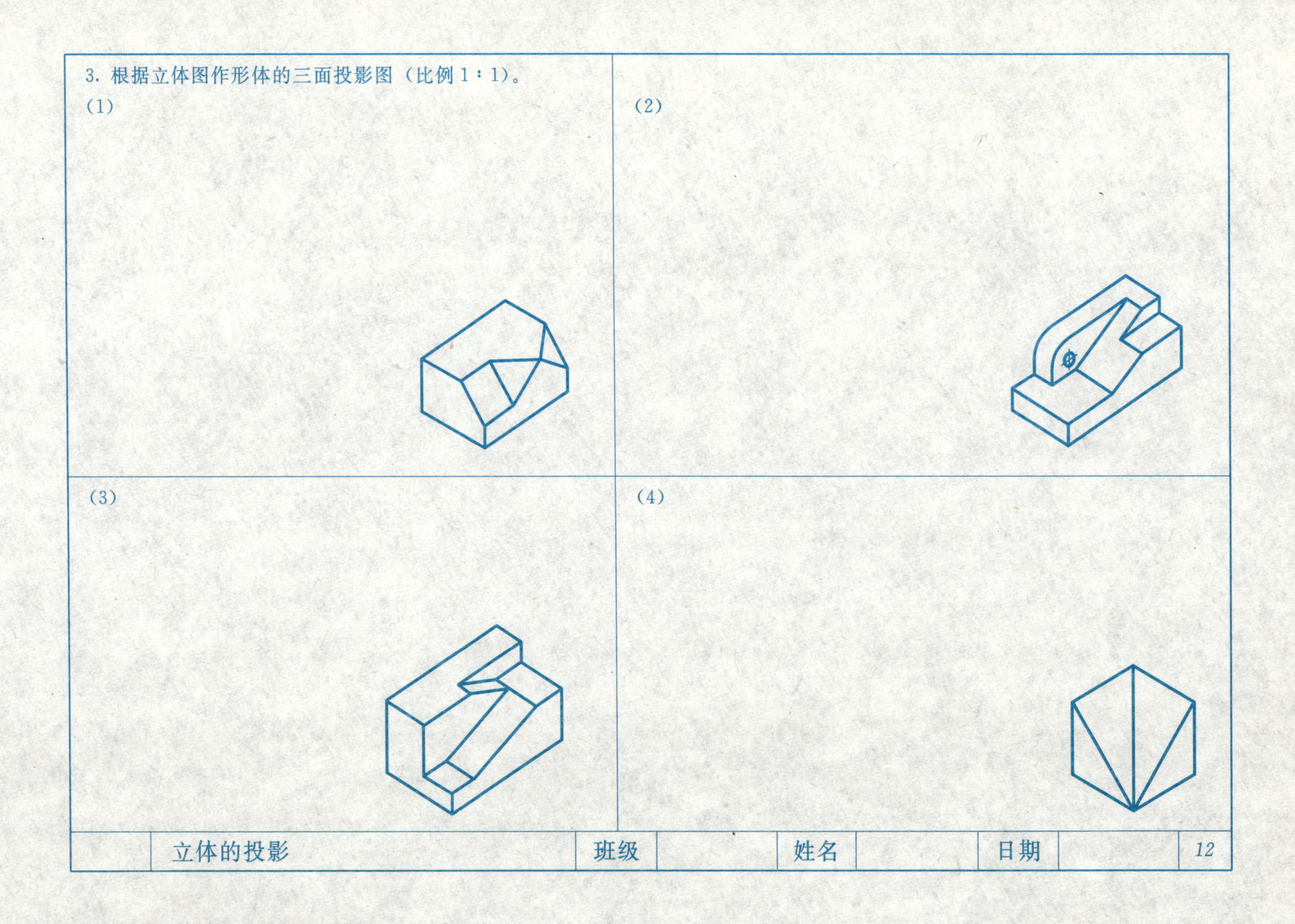

3. 根据立体图作形体的三面投影图（比例 1：1）。
(1)
(2)
(3)
(4)
立体的投影
班级
姓名
日期
12

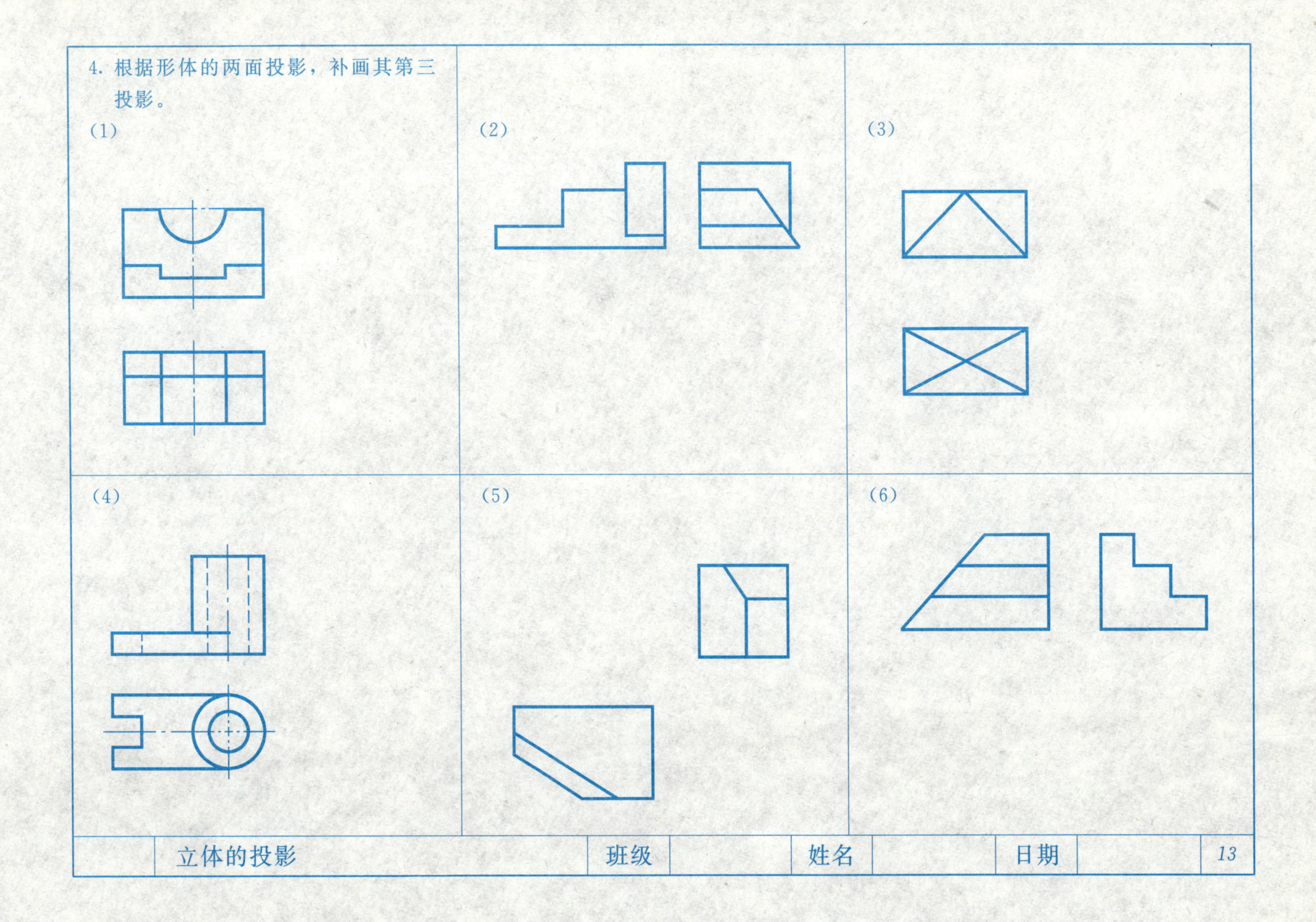
4. 根据形体的两面投影，补画其第三投影。
(1)
(2)
(3)
(4)
(5)
(6)
立体的投影
班级
姓名
日期
13

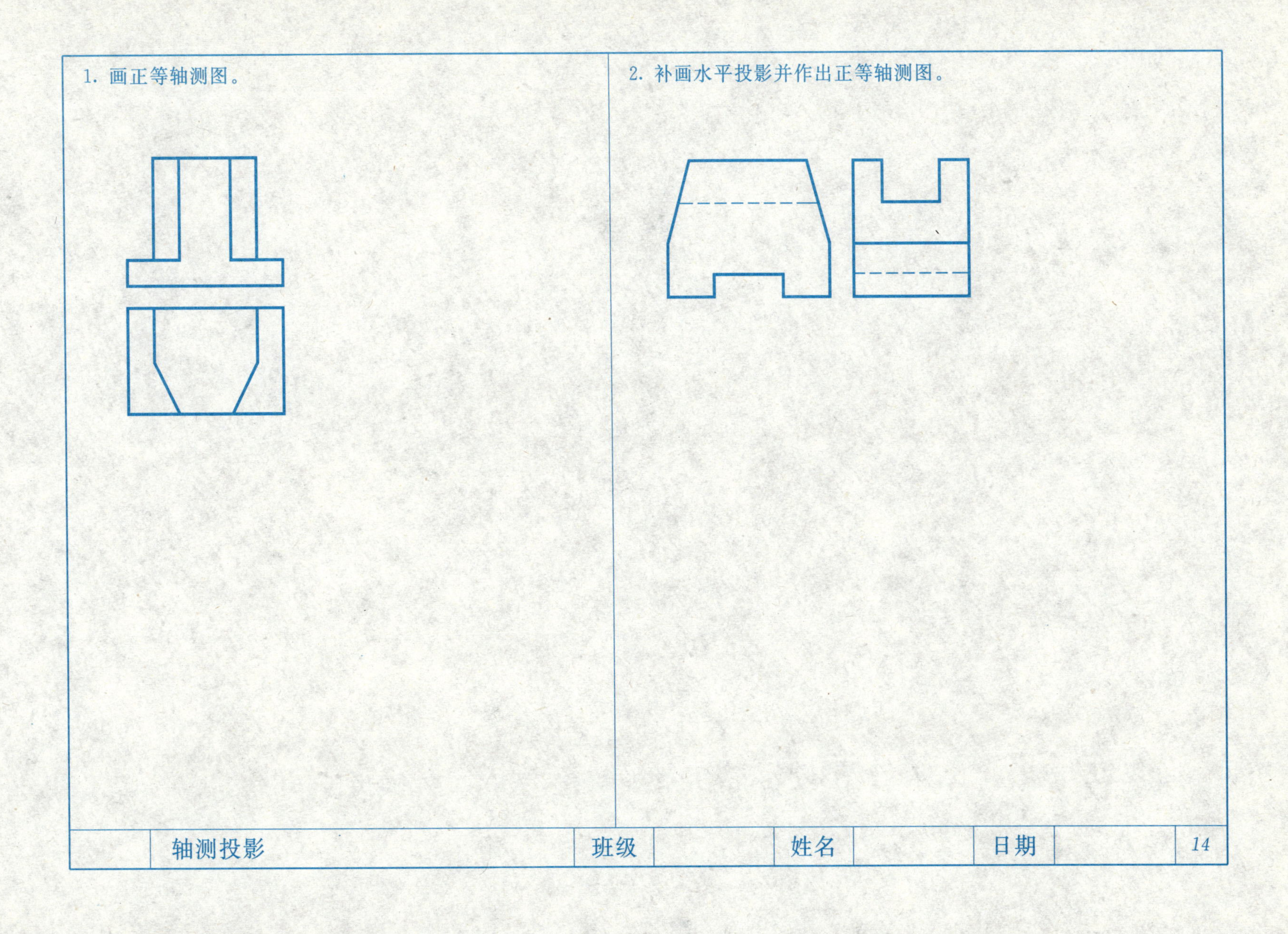
1. 画正等轴测图。
2. 补画水平投影并作出正等轴测图。
轴测投影
班级
姓名
日期
14

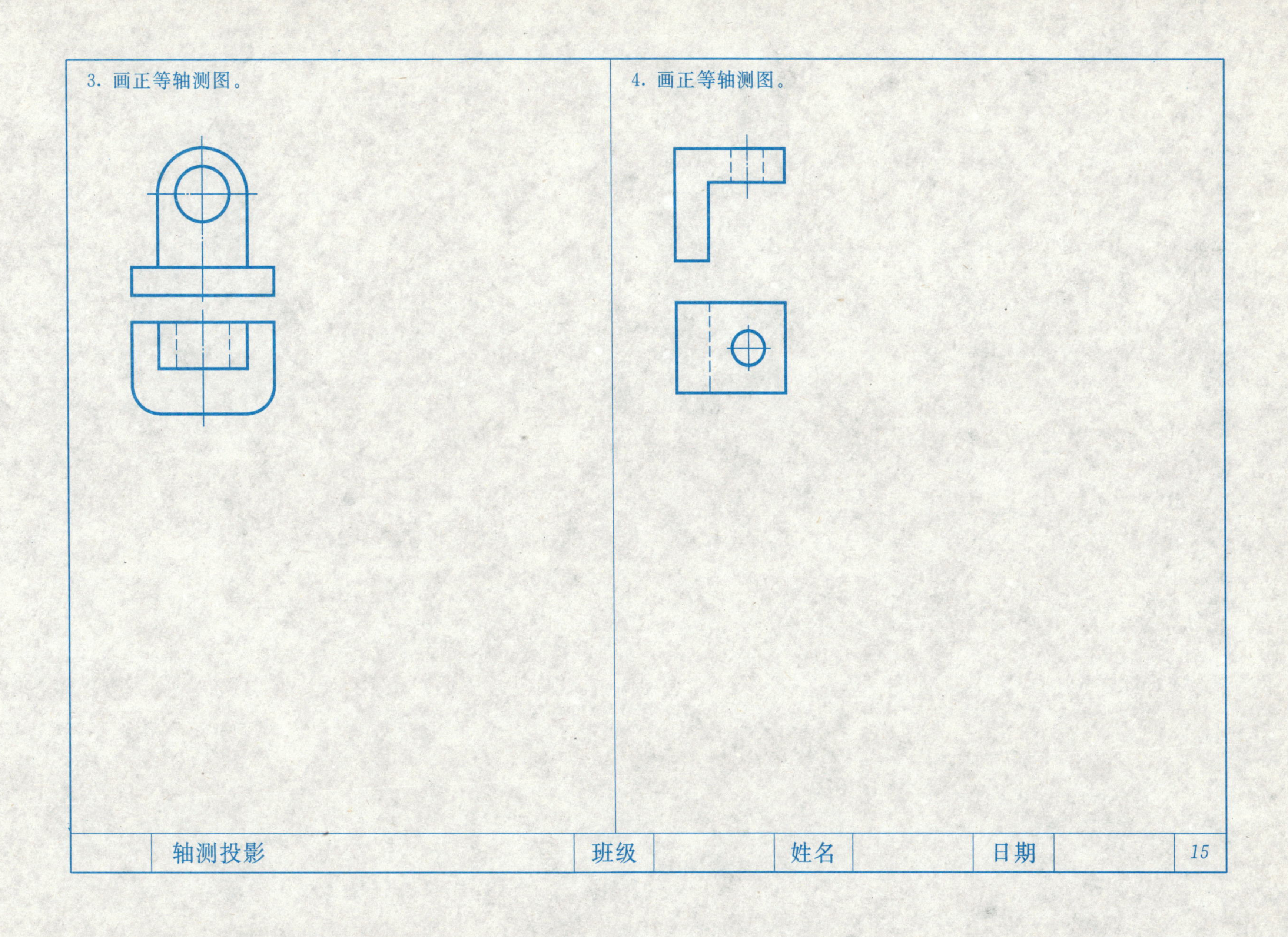
3. 画正等轴测图。
4. 画正等轴测图。
轴测投影
班级
姓名
日期
15

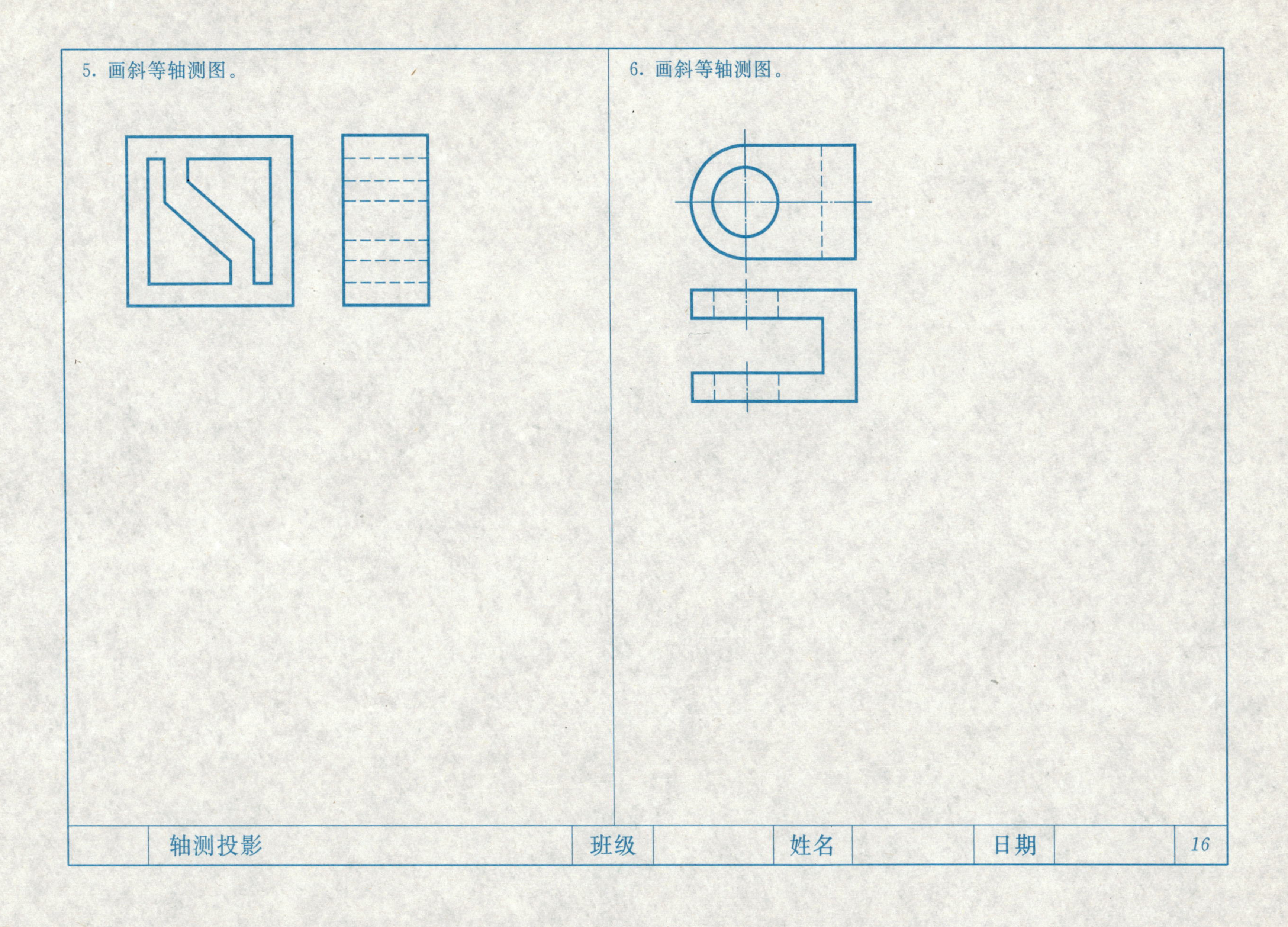
5. 画斜等轴测图。
6. 画斜等轴测图。
轴测投影
班级
姓名
日期
16

1. 把正面投影改为 1-1 剖面图，并画出 2-2 剖面图。

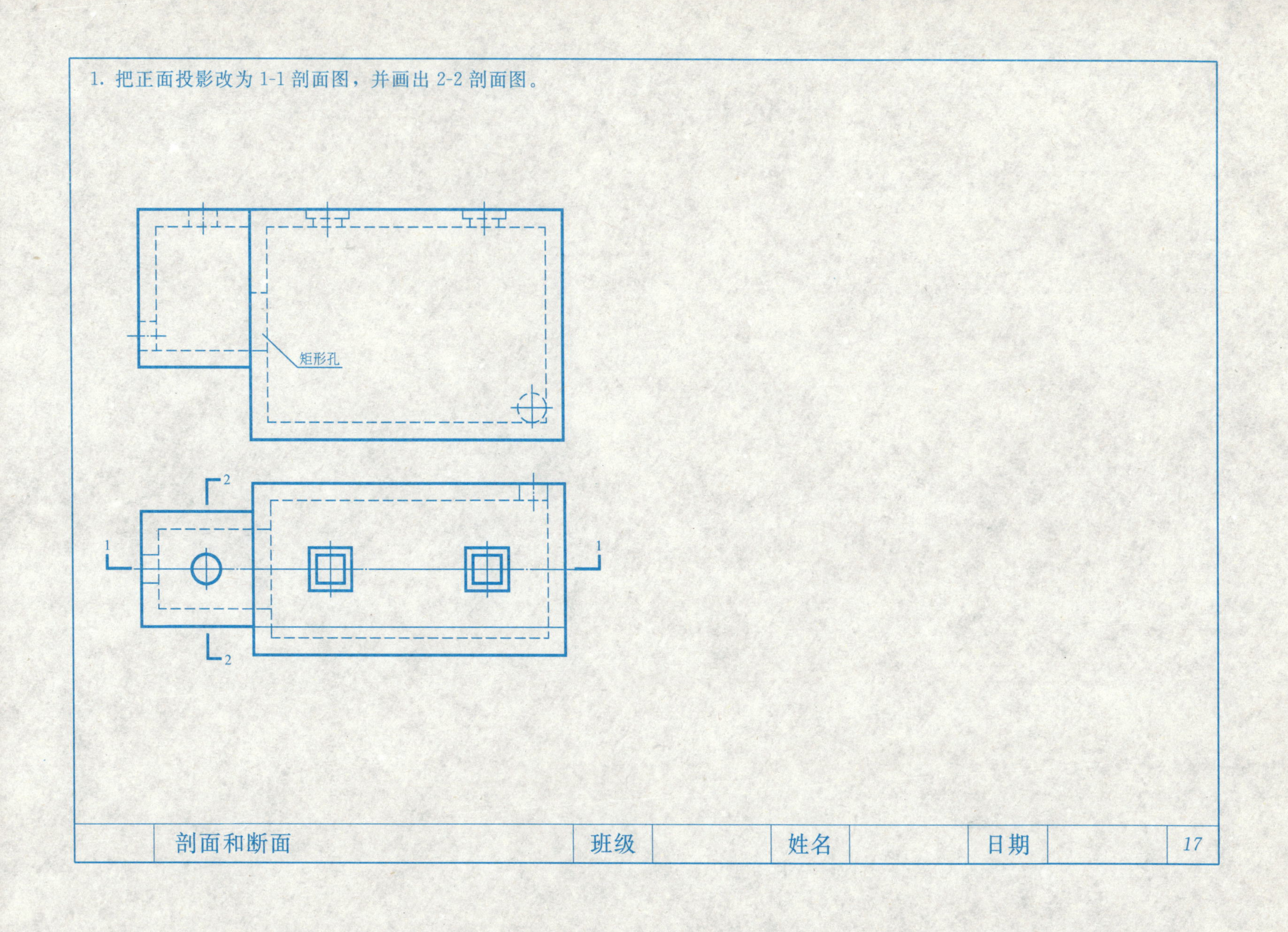

2. 画出 1-1 阶梯剖面图和 2-2 剖面图。

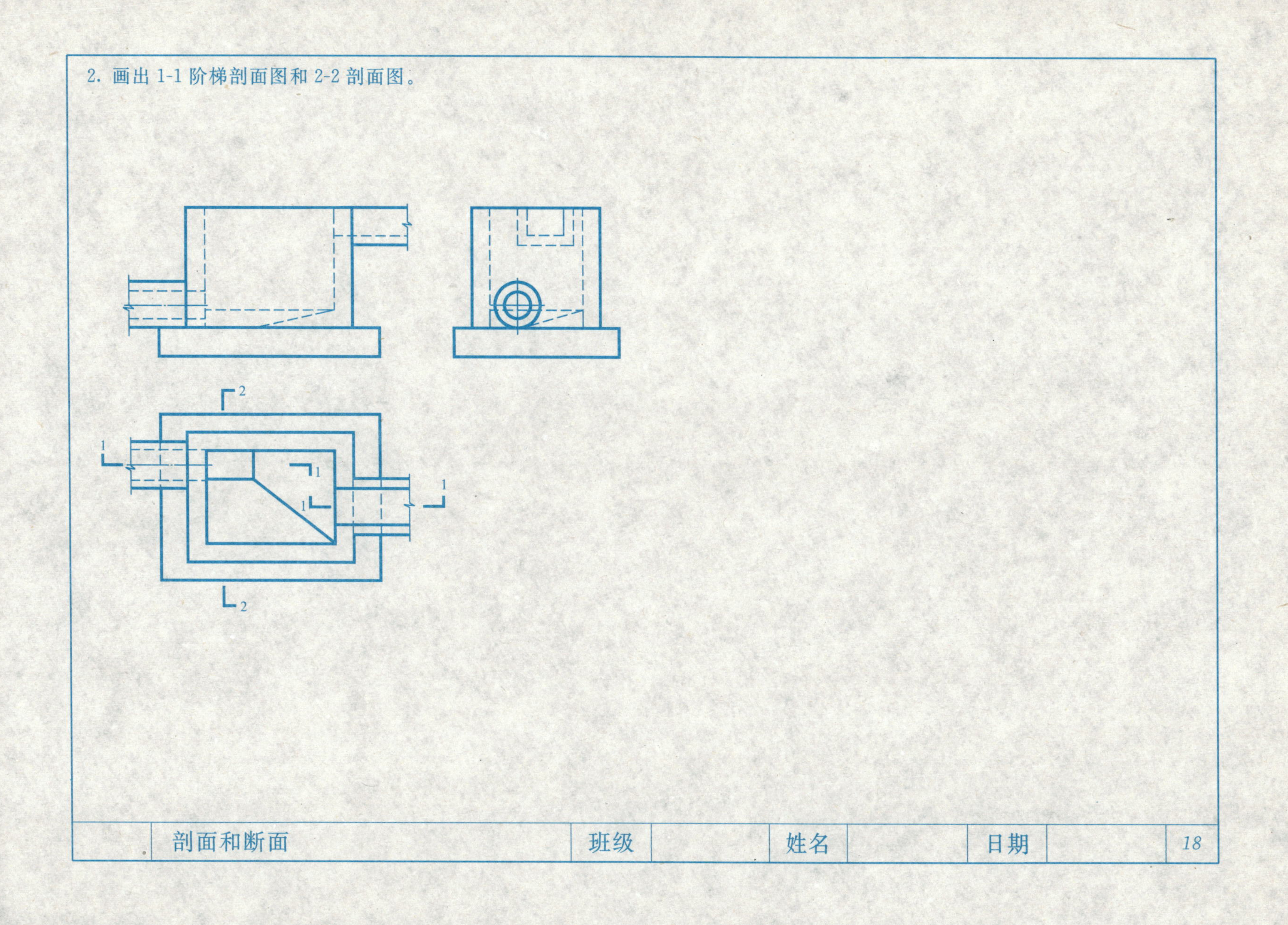

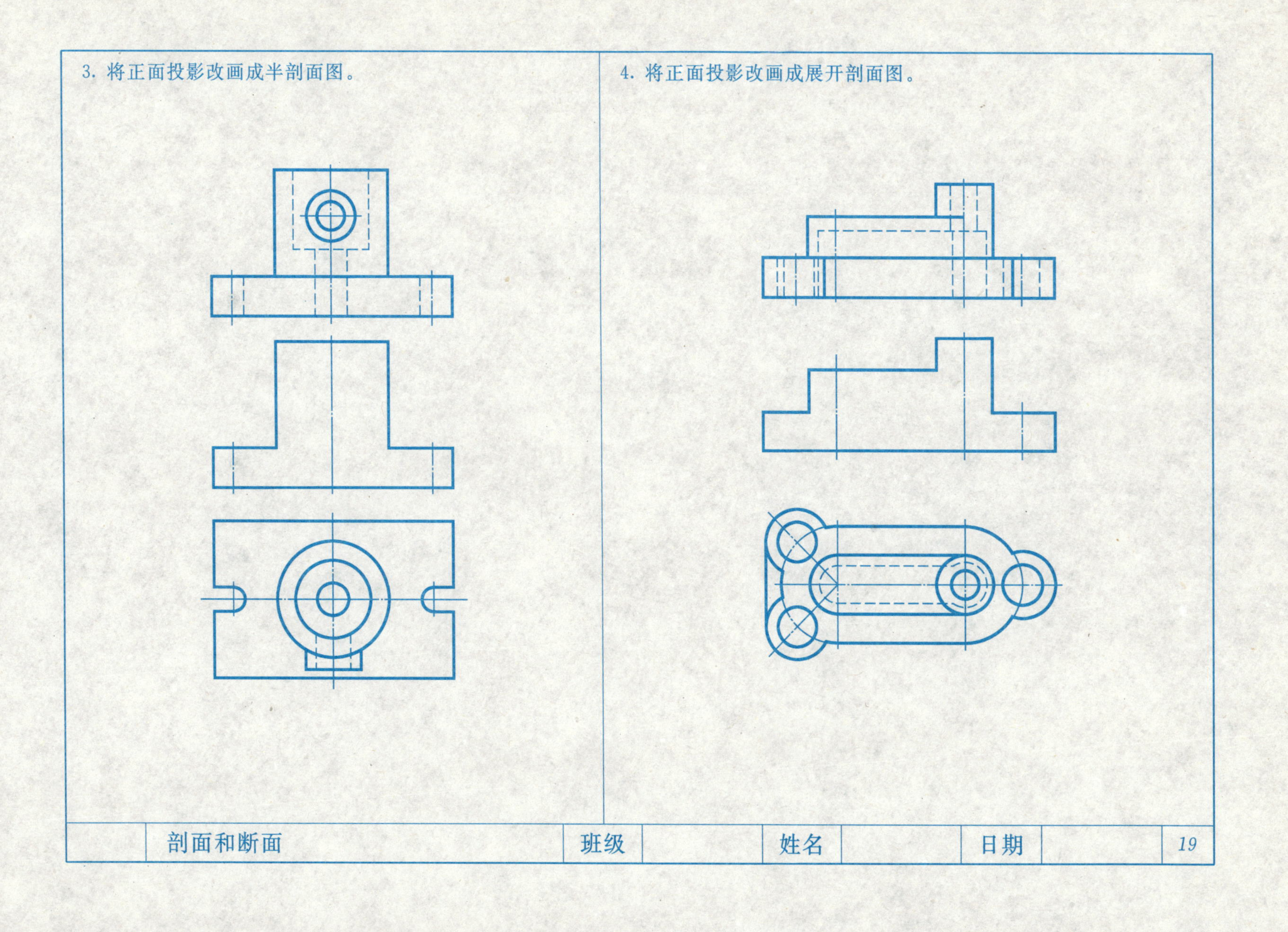
3. 将正面投影改画成半剖面图。
4. 将正面投影改画成展开剖面图。

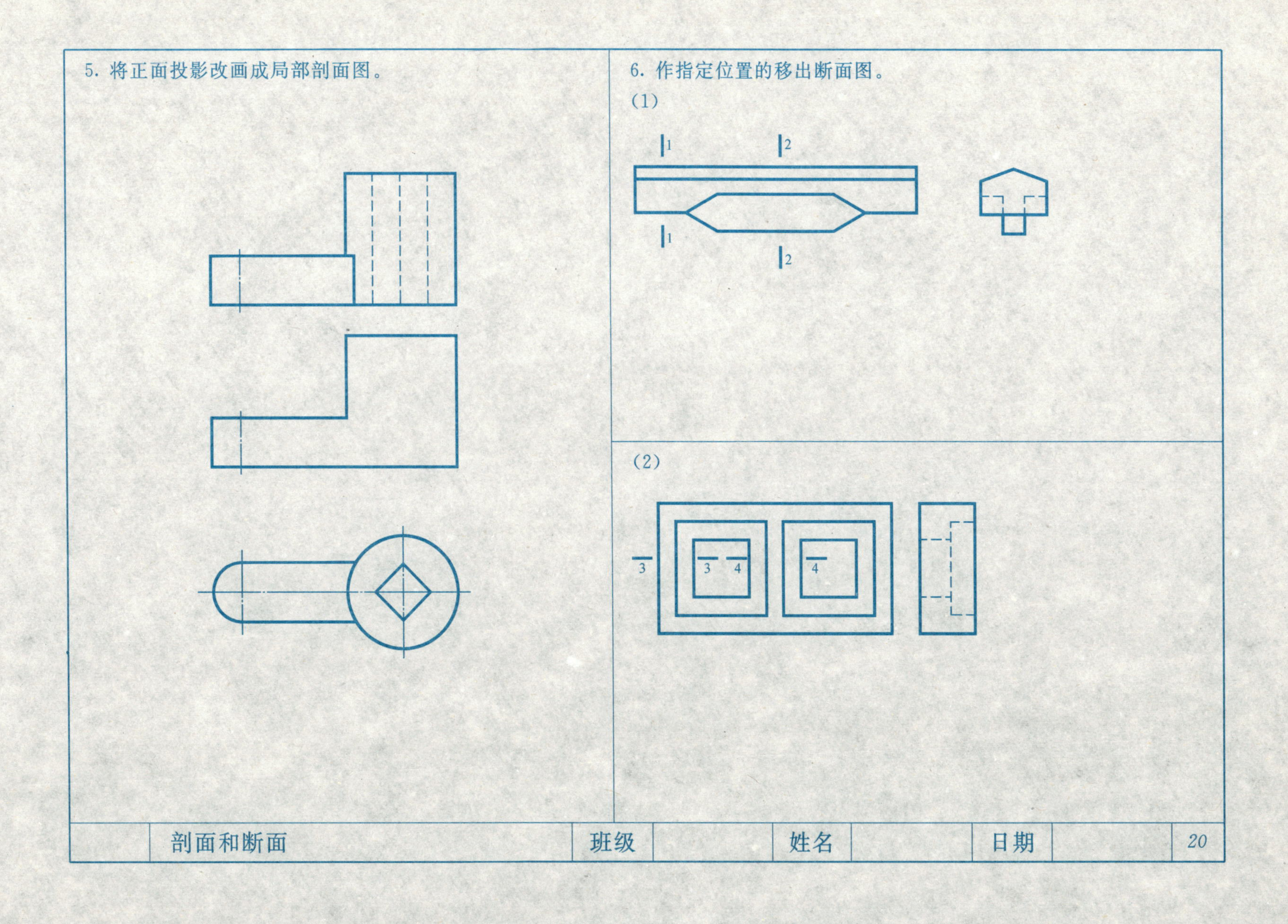

5. 将正面投影改画成局部剖面图。
6. 作指定位置的移出断面图。
(1)
1
2
1
2
(2)
3
3
4
4
剖面和断面
班级
姓名
日期
20

7. 画出侧面投影，并把各图改画成适当的剖面图。

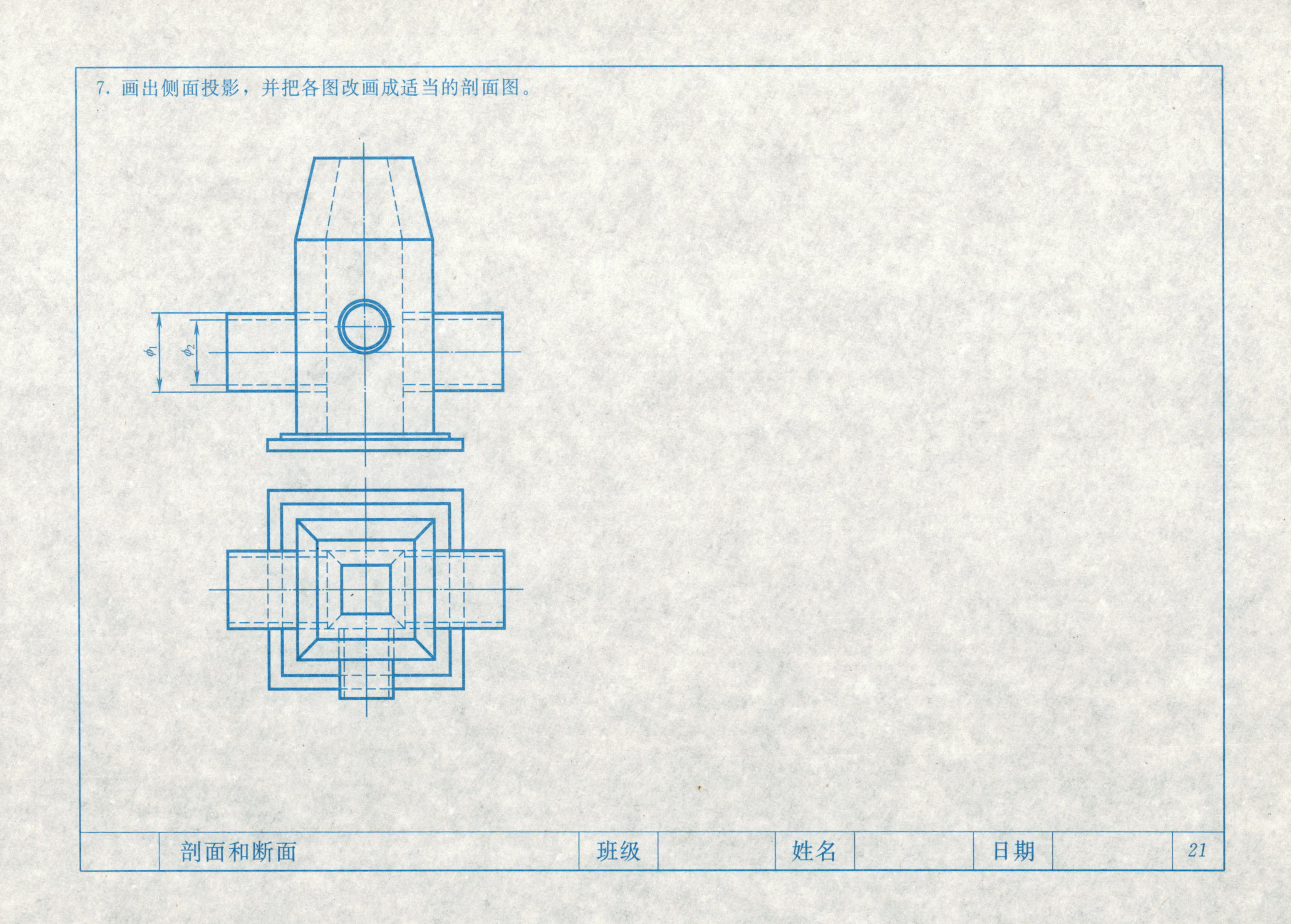

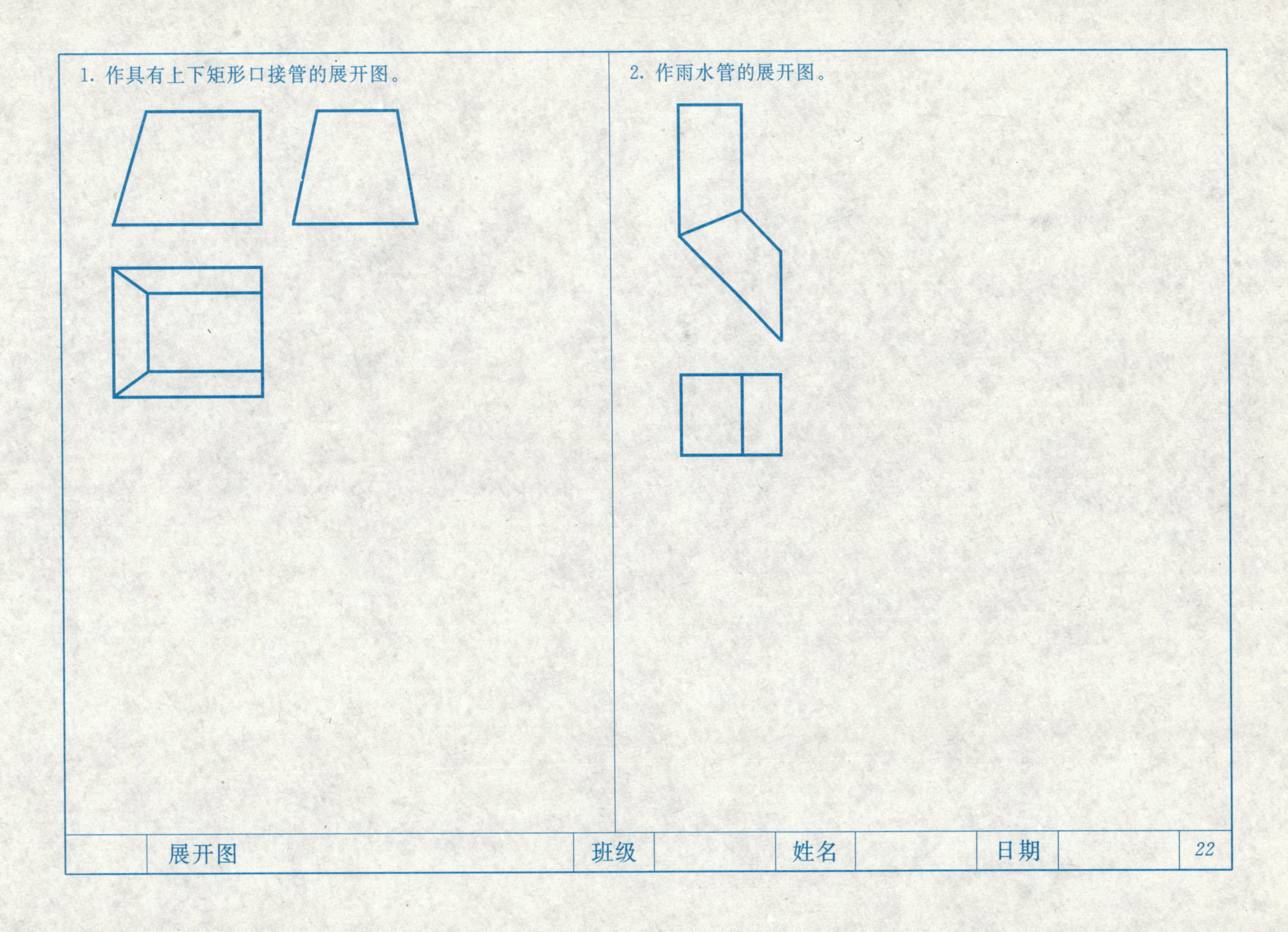
1. 作具有上下矩形口接管的展开图。
2. 作雨水管的展开图。
展开图
班级
姓名
日期
22

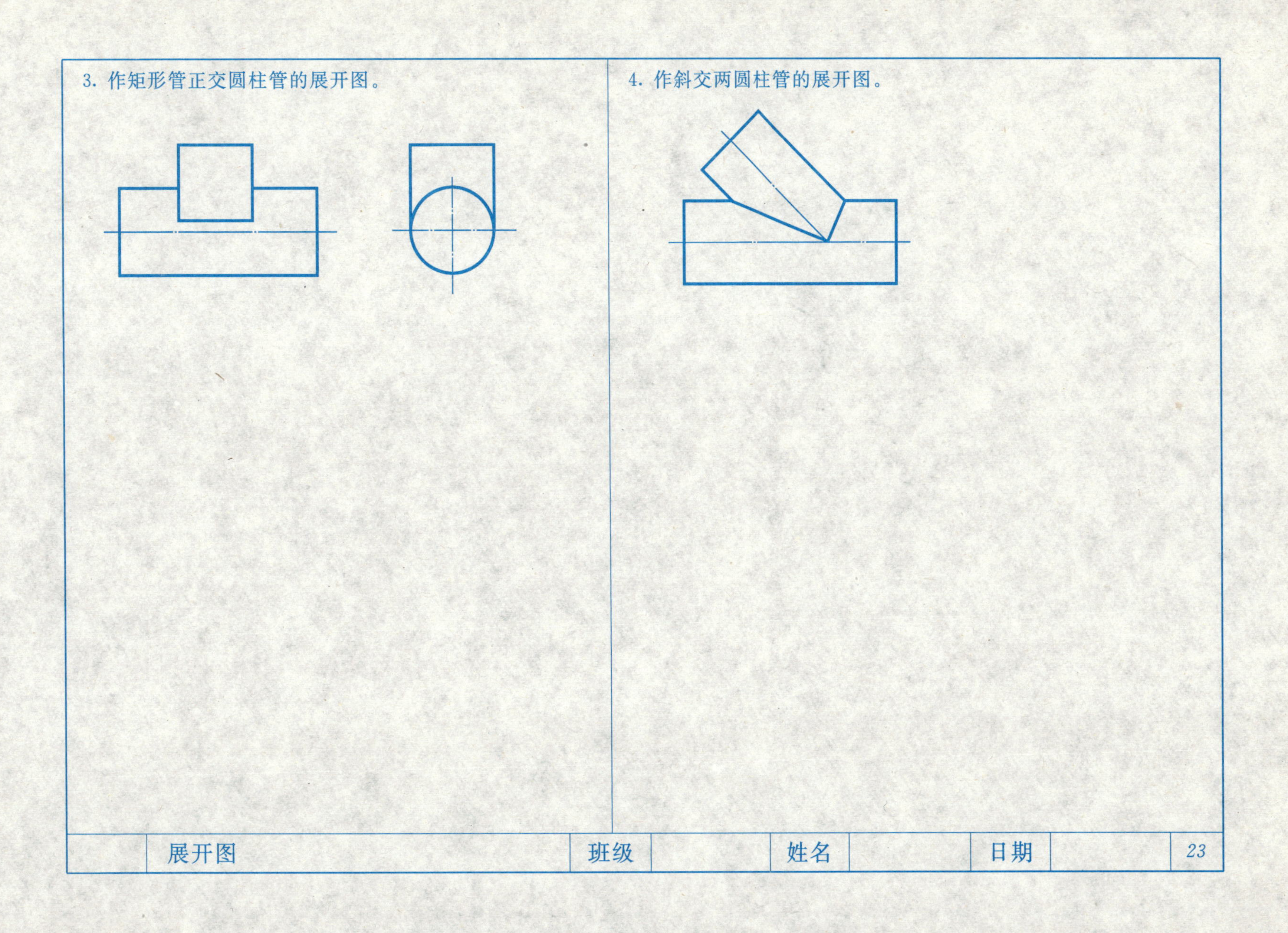
3. 作矩形管正交圆柱管的展开图。
4. 作斜交两圆柱管的展开图。

5. 作四节虾壳弯管的展开图（下端两节）。

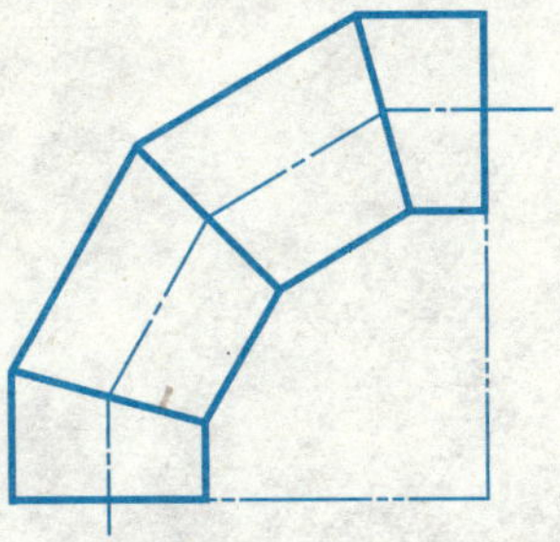

6. 作上平下斜的圆锥管的展开图。

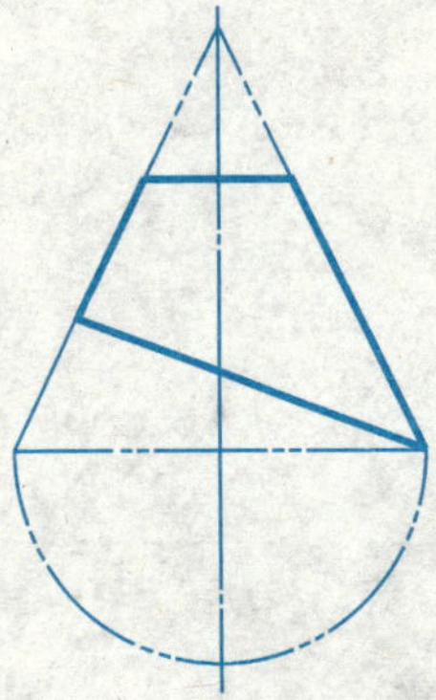

7. 作斜圆锥管的展开图。

8. 作上圆下方管（天圆地方）的展开图。

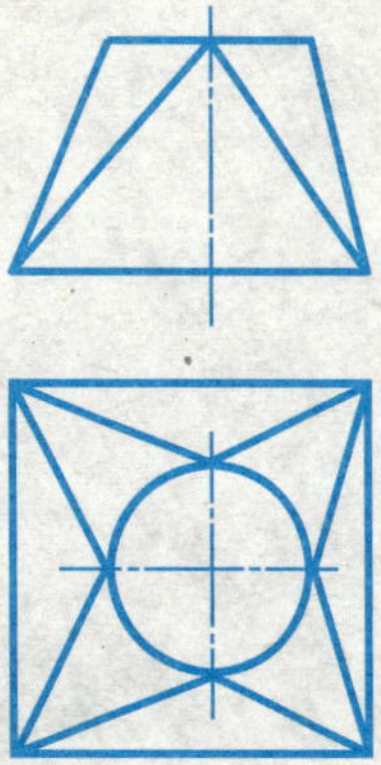

	展开图	班级		姓名		日期		25

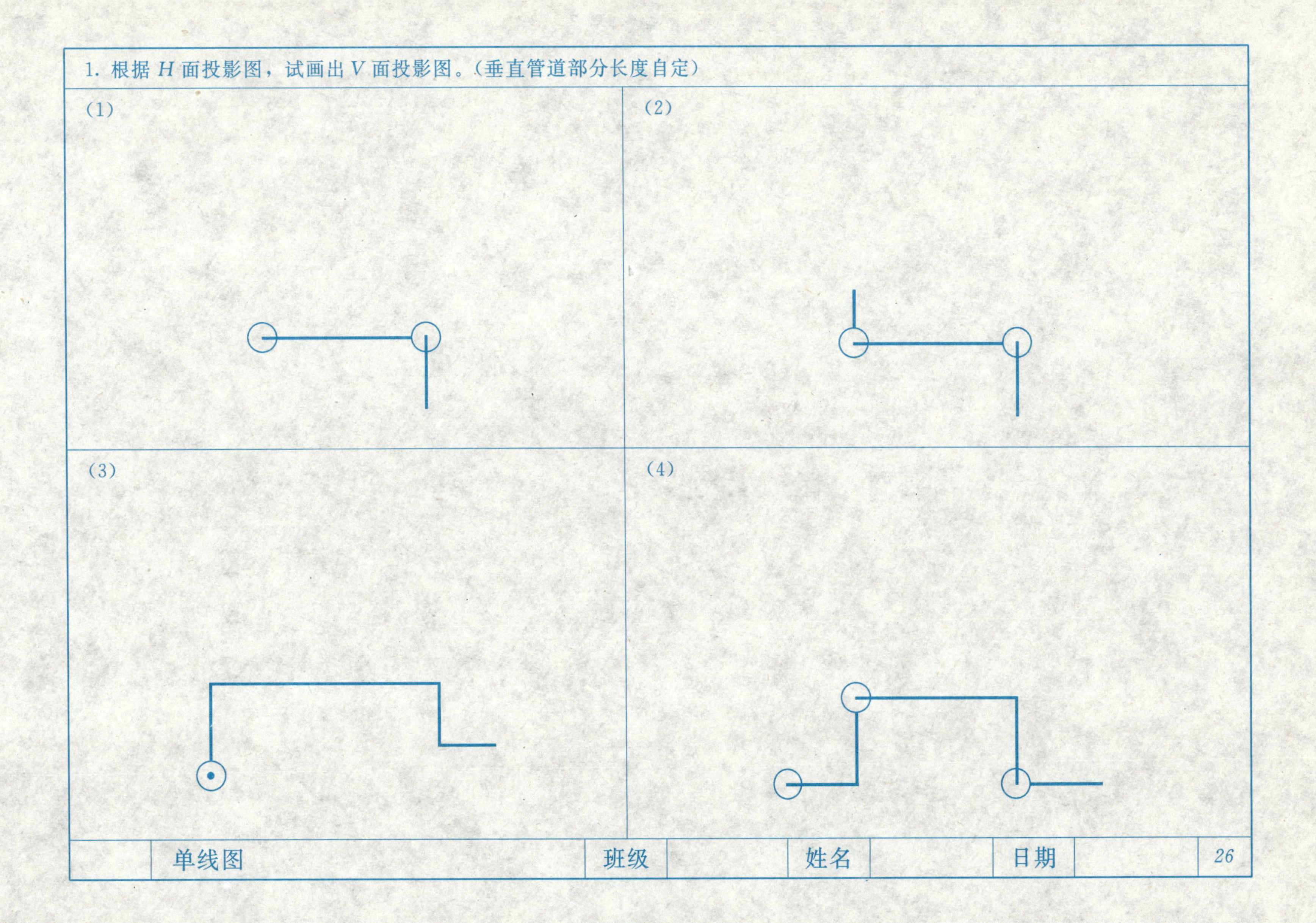
1. 根据 H 面投影图，试画出 V 面投影图。(垂直管道部分长度自定)
(1)
(2)
(3)
(4)
单线图
班级
姓名
日期
26

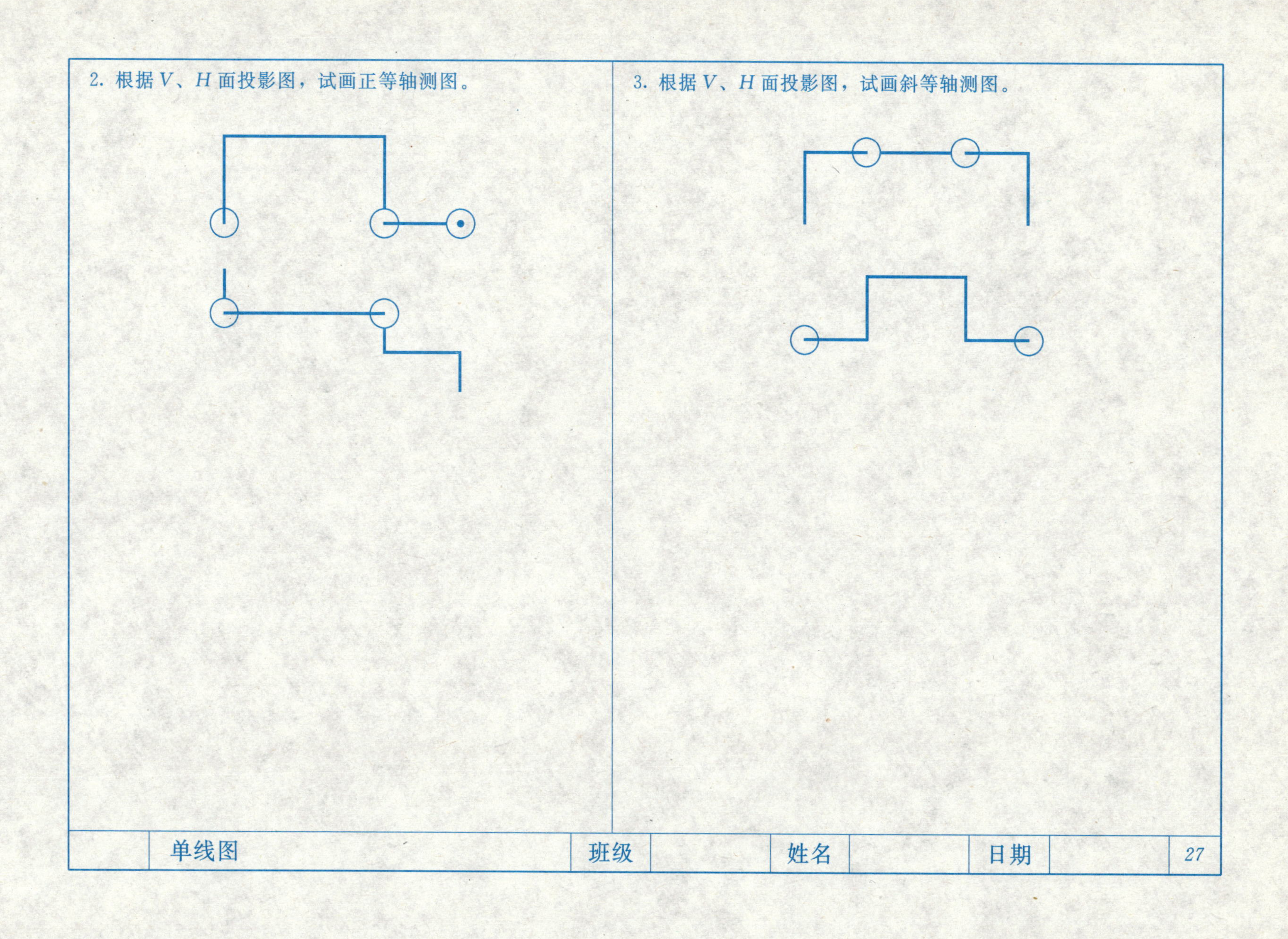

2. 根据 V、H 面投影图，试画正等轴测图。

3. 根据 V、H 面投影图，试画斜等轴测图。

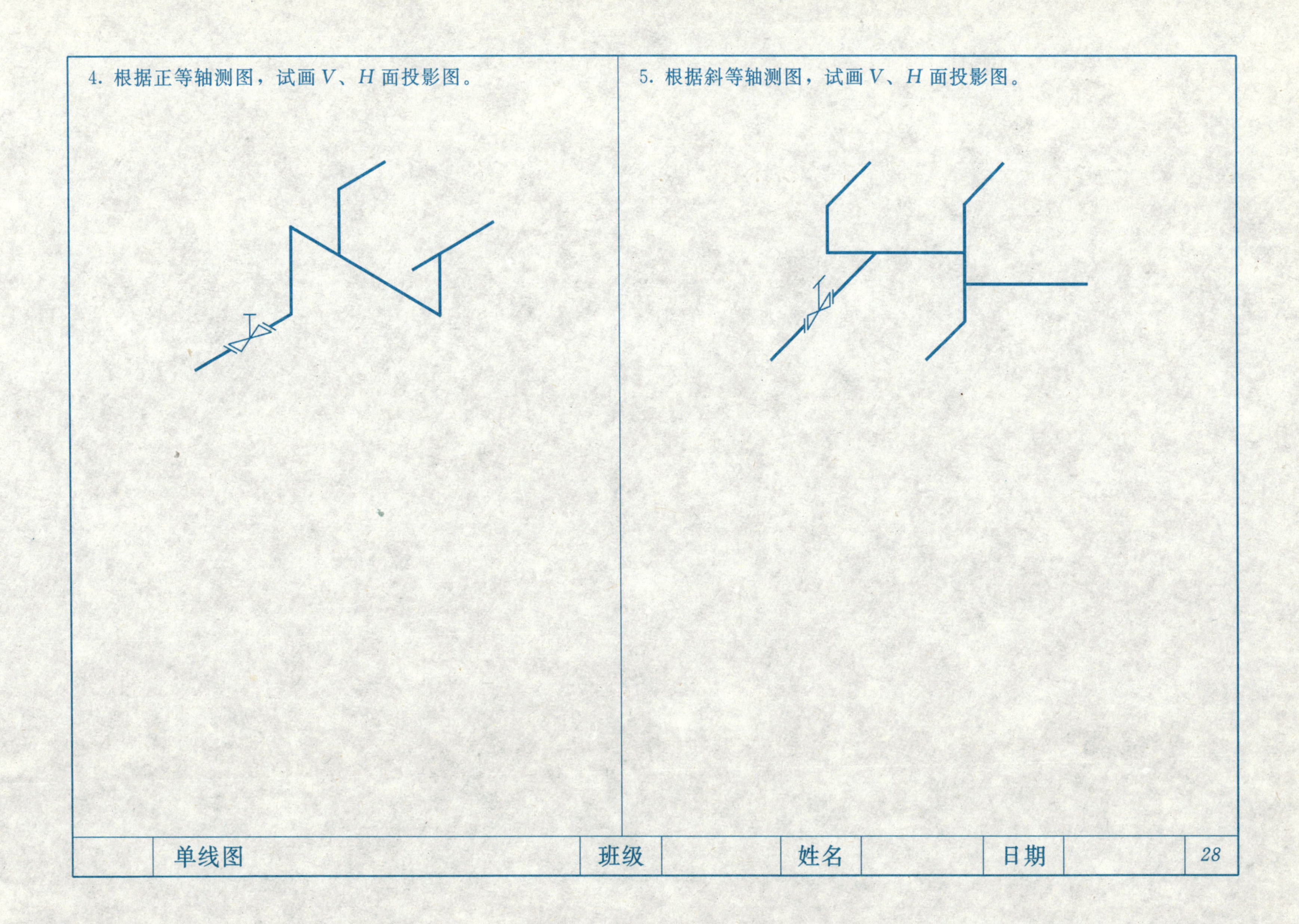

	单线图	班级		姓名		日期		28

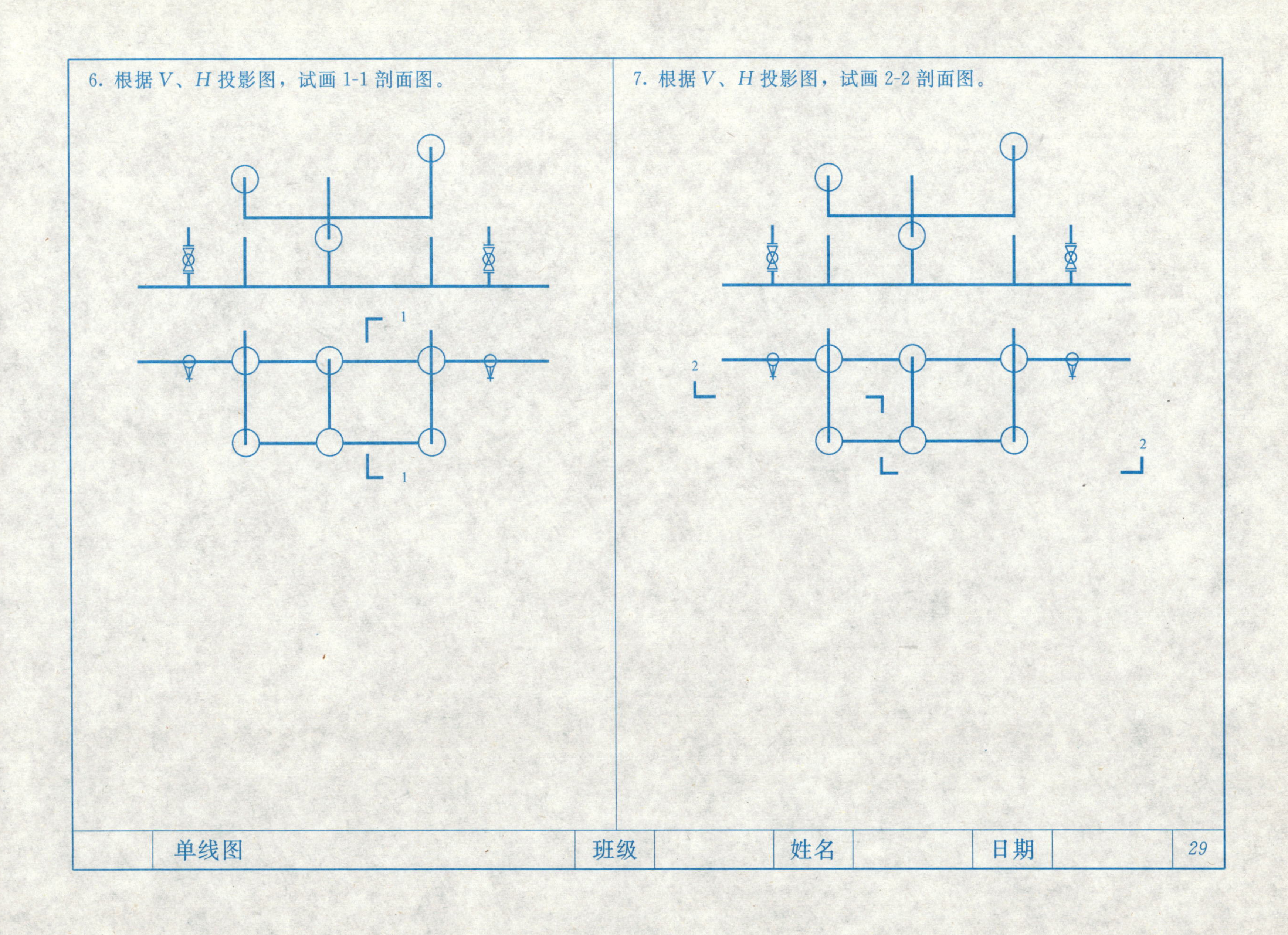
6. 根据 V、H 投影图，试画 1-1 剖面图。
1
1
7. 根据 V、H 投影图，试画 2-2 剖面图。
2
2

建筑平、立、剖面图作业指示书（一）

一、目的

1. 了解房屋建筑平、立、剖面图的表达方法，熟悉线形和尺寸标注。

2. 熟悉房屋建筑图的绘图步骤。

二、作业内容

根据建筑平、立、剖面图的形成，了解建筑平、立、剖面图的表达方法。

按建筑图的线型要求，加深图线，完成图上遗漏的尺寸标注、轴线编号、标高尺寸、图名、比例等。

三、作业要求

运用线形正确；线条均匀光滑，粗细有别；层次分明统一；接头严密；布局匀称合理；尺寸标注规格；字体工整；图面整洁。

四、线形

图线宽度 b 的选择是根据图的比例确定：

1. 平面图

被剖切到的墙、柱的断面轮廓线画粗实线。

没有剖切到的、投影可见轮廓线，如台阶、花台、梯段及扶手等画中粗线。

尺寸线、标高等标高符号、轴线及编号圆圈画细线。

没有剖到的高窗、墙洞等画中粗虚线。

2. 立面图

室外地坪线用加粗线 $1.4b$ 并超出立面边线 10～15mm。

最外轮廓线用粗实线 b。

主要部分轮廓线（凸出的雨篷、阳台、勒脚、台阶、门窗洞口、窗台等）用中粗线 $0.5b$。细部轮廓线（门窗扇、分格线、装修花饰、雨水管、引出线、标高符号、轴线及编号圆圈等）用细实线 $0.35b$。

3. 剖面图

室外地坪线画加粗线 $1.4b$。

被剖切的墙身以及房间、走廊、楼梯平台的楼板层、屋顶轮廓线画粗线 b。

其他未剖切到的、投影可见轮廓线均画中粗线 $0.5b$。

门窗扇及分格线、水斗、雨水管均画细实线 $0.35b$。

比例在 1∶100 或更小时，不画材料图例，钢筋混凝土梁、板、楼梯等涂黑。两个相邻涂黑的图例之间应留有空隙，其宽度不得小于 0.7mm。

五、图名与比例

每个图样，一般均应标注图名。图名宜标注在图样的下方或一侧，并在图名下绘一粗横线，其长度以图名所占长度为准。图名宜用 7 号或 10 号字，比例用 2.5 号字或 3 号字。

六、作图步骤

1. 布图：确定各图的位置并留足标注尺寸和注写图名的位置。

2. 画平、立、剖面图的底稿线。

平面图：定轴线→画墙宽→画门窗洞位置→画室外台阶踏步和散水等细部。

剖面图：画室外地坪线及墙体轴线→画室内地面及层高→画墙体及出挑檐→画屋顶→画门窗洞口及细部。

立面图：画室外地坪线及左右最外墙轴线、边线→确定勒脚的宽高→屋高、檐口高→屋顶高→画门窗洞口高及窗台→定出挑檐高度和宽度→画其他细部。

3. 加深线形。

4. 标注尺寸。

5. 修整图面。

注：

1. 檐口挑出墙面为 400mm。

2. 砖砌窗台高 120，挑出墙面 60mm，左右各伸出 60mm。

3. 雨篷（长×宽×高）为 2000mm×1200mm×200mm。

	建筑施工图	班级		姓名		日期		30

作业资料（一）

抄绘下列图样，并按规定加深图线，补全所缺尺寸、轴线编号等标注。

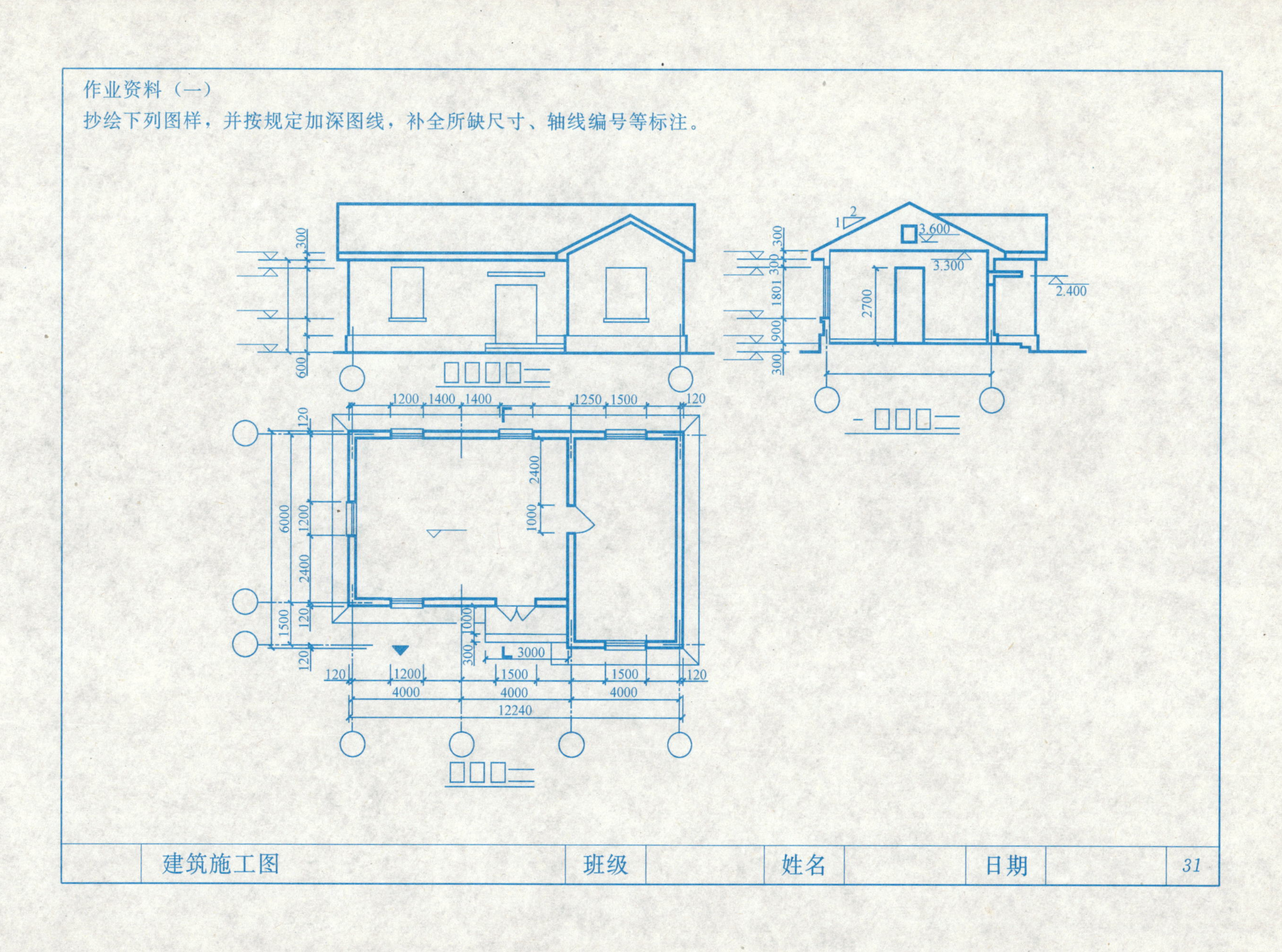

建筑平、立、剖面图作业指示书（二）

一、目的

1. 进一步熟悉建筑平、立和剖面的表达方法、绘图步骤和尺寸标注。

2. 培养运用线形的能力。

二、作业内容

根据给出的房屋轴测图、透视图、门窗详图绘制建筑平面、立面、剖面图。

三、作业说明

1. 图幅：A2。

2. 图名：建筑平面、立面、剖面图。

3. 图号：No。

4. 比例：1∶50。

四、作业要求

作图准确；运用线形正确；线条均匀光滑，粗细有别，层次分明统一，接头严密；布局匀称合理；尺寸标注规格；字体工整；图面整洁。

五、作图步骤

1. 图面布置：如图1

根据建筑施工图的特点，进一步熟悉布图。首先确定①和Ⓐ轴线相交点的位置，即安排好平面图的布置，再根据剖面的大小，统筹布图。

2. 绘图顺序

平面图→剖面图→立面图。这样根据投影关系较容易绘出立面图。

其他作图步骤参考教材例图。

六、几点说明

1. 轴测平面图给出的尺寸是指剖切平面所在位置的平面尺寸。

2. 踢脚线高150，屋面板搭进墙内120，散水宽600，挑檐板尺寸见檐口及窗台详图。

3. 台阶定位和定形尺寸如图2。

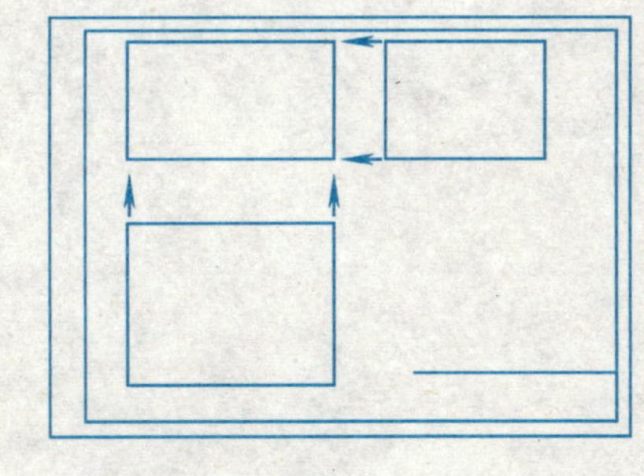

图1

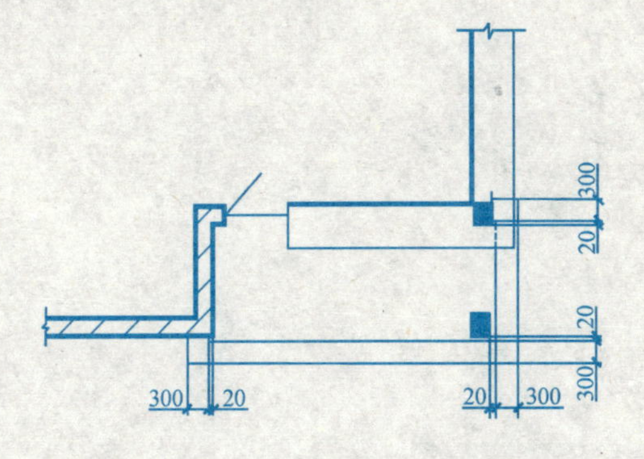

图2

作业资料（二）

根据建筑物的轴测图、透视图、门窗详图画平、立、剖面图。

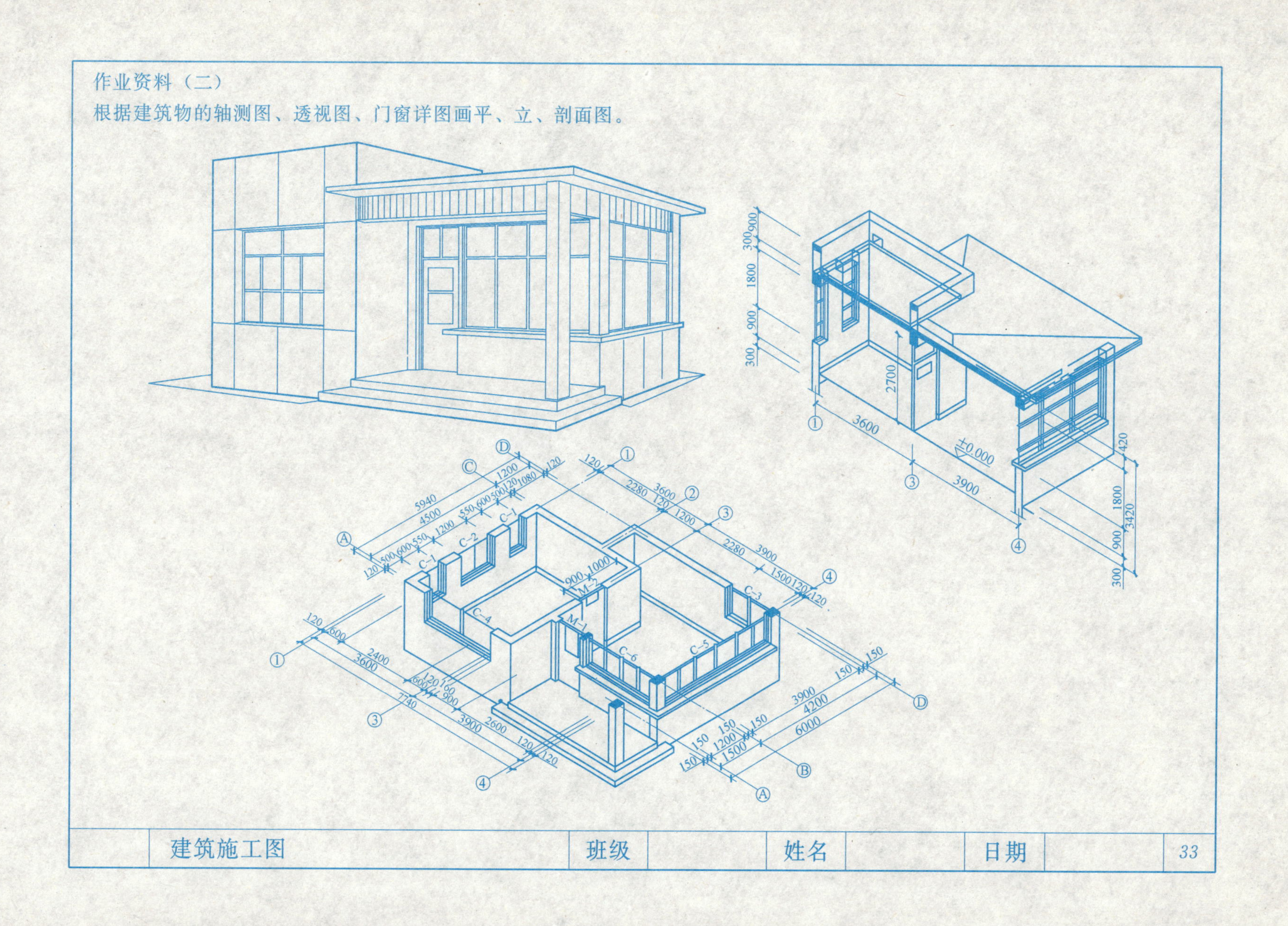

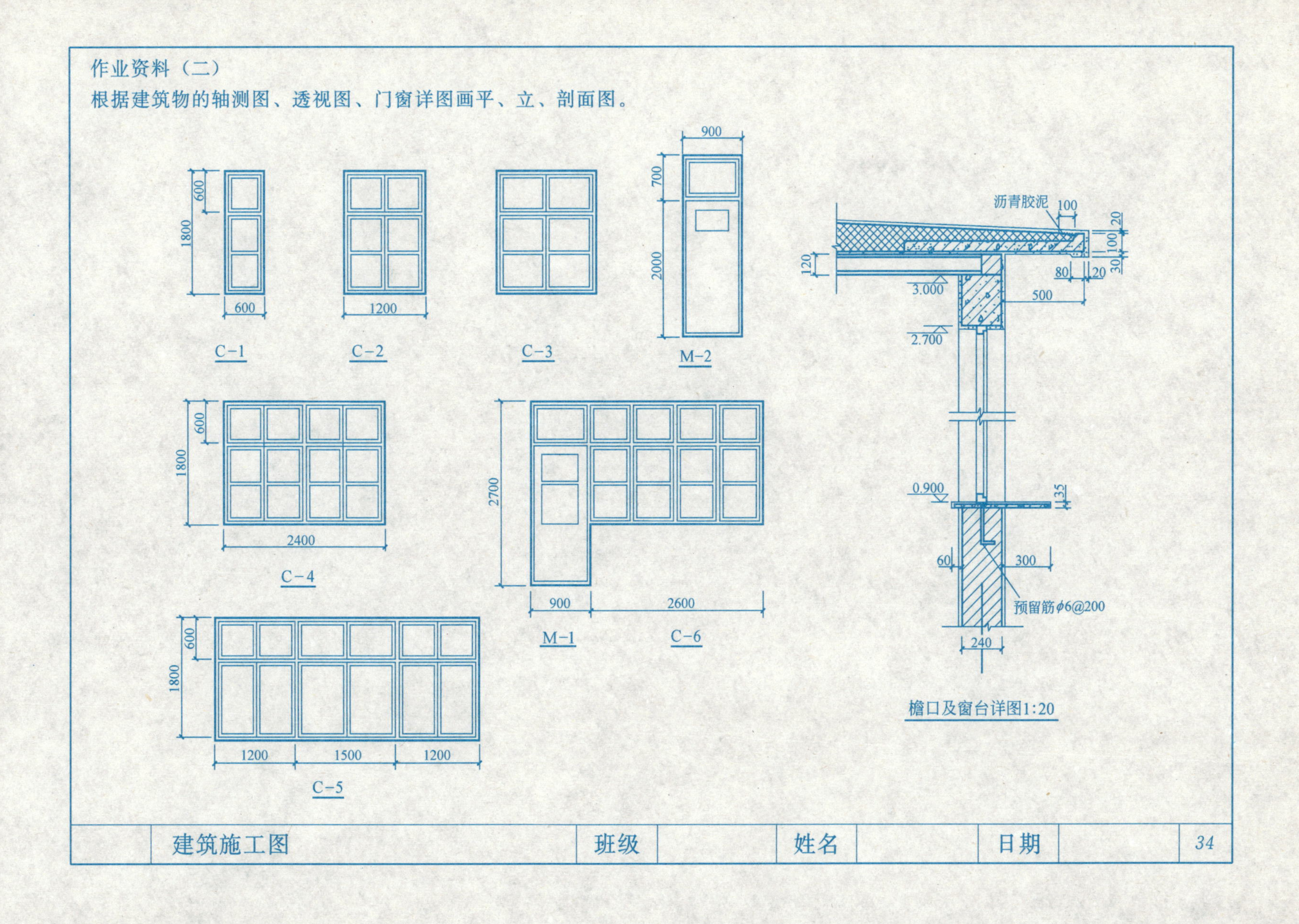
作业资料（二）
根据建筑物的轴测图、透视图、门窗详图画平、立、剖面图。
C-1
C-2
C-3
M-2
C-4
M-1
C-6
C-5
600
1800
1200
2400
900
700
2000
2700
2600
1500
沥青胶泥
100
20
120
80
30
3.000
2.700
500
0.900
35
60
300
预留筋ϕ6@200
240
檐口及窗台详图1:20
建筑施工图
班级
姓名
日期
34

给排水暖通空调施工图识图及抄图作业指导书

一、目的

1. 熟悉给排水、暖通空调施工图的表达内容和图示特点。

2. 掌握暖通空调施工图的绘图方法。

3. 理解建暖通空调施工图筑的平面图、系统图、剖面图等之间的对应关系。

二、图纸

采用 A3、A2 幅面绘图纸。

三、标题栏

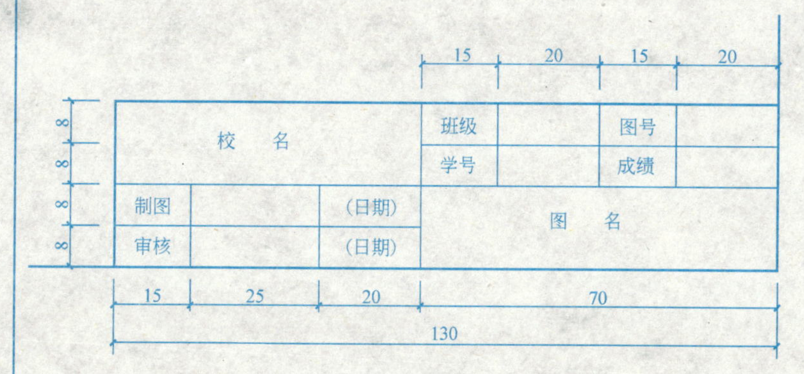

学生制图作业的标题栏格式

四、比例

采用 1∶20、1∶50 比例。

五、内容

抄绘习题集给定的内容（见施工图资料）。

六、要求

1. 在看懂了图样及其各项内容后，方可开始画图。

2. 可用 A3、A2 幅面图纸布置图面。在布置图面时，应做到合理、匀称、美观。

3. 绘图时要严格遵守《房屋建筑制图统一标准》GB/T 50001—2001、《给排水制图标准》GB/T 50106—2001、《暖通空调制图标准》GB/T 50114—2001 的各项规定，如有不够熟悉之处，必须查阅有关标准或教材。

七、说明

1. 建议图线的基本线宽 *b* 用 0.7mm。尺寸数字的字高 2.5mm，文字说明中的汉字的字高用 3.5mm，数字字高用 2.5mm。详图符号中的数字的字高用 5mm，比例数字的字高用 3.5mm。

2. 本作业的尺寸数、文字，一定要认真书写，汉字采用长仿宋体。

3. 图中未注明尺寸处，可按比例估算画出。

	给排水、暖通空调施工图识图及抄图作业指导书	班级		姓名		日期		

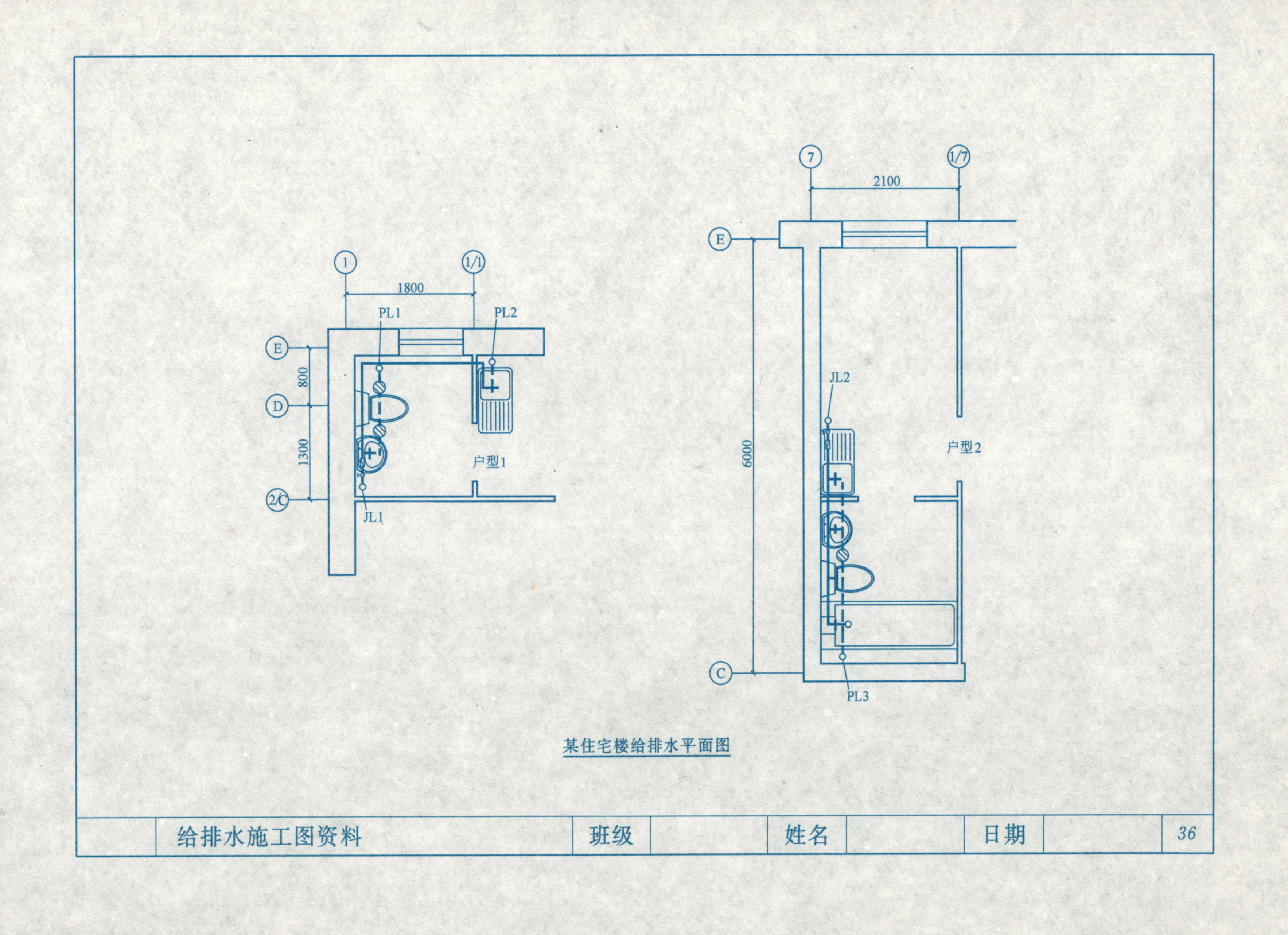
1
1/1
1800
PL1
PL2
E
800
D
1300
2/C
JL1
户型1
7
1/7
2100
E
6000
JL2
户型2
C
PL3

某住宅楼给排水平面图

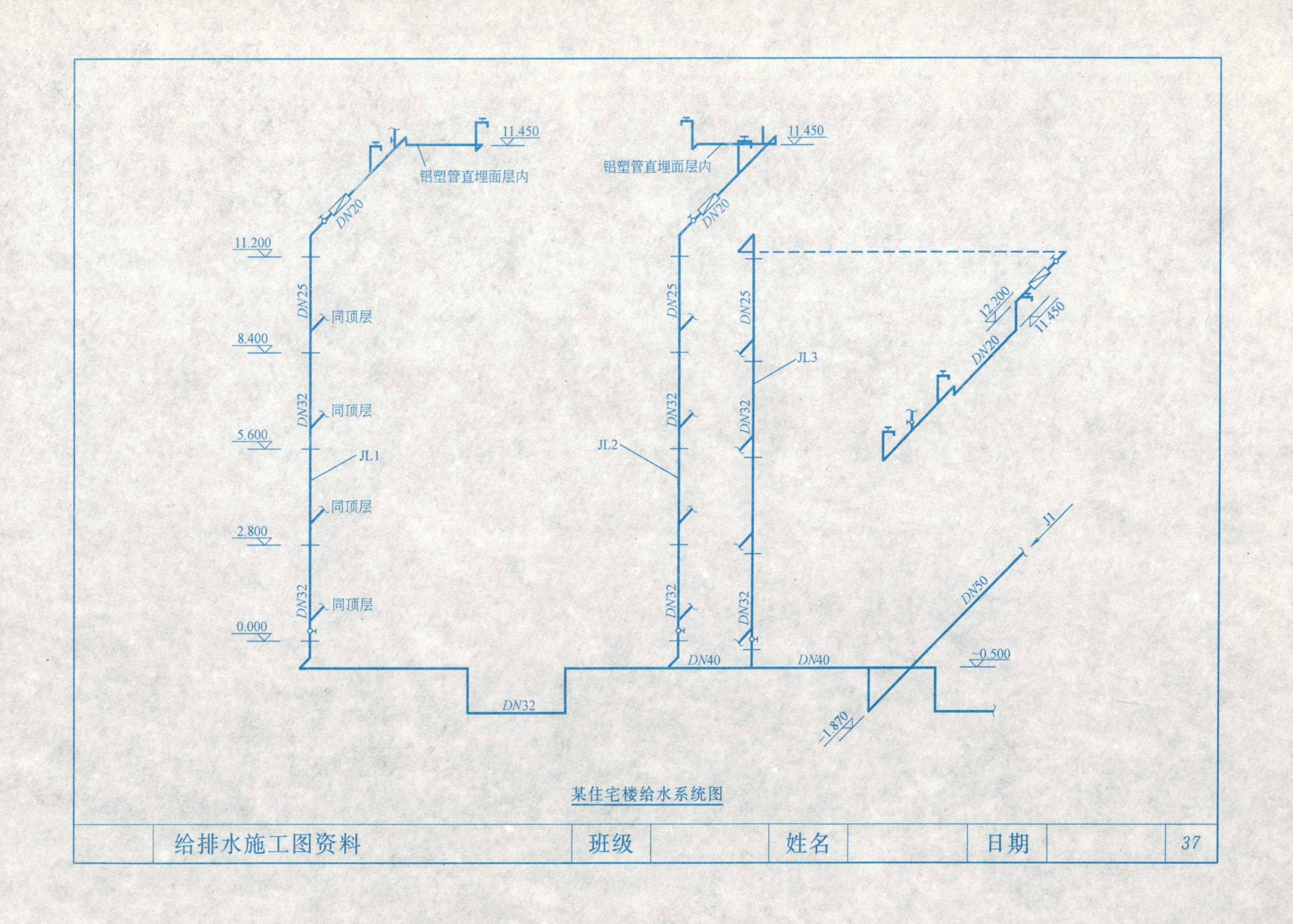

某住宅楼给水系统图

	给排水施工图资料	班级		姓名		日期		37

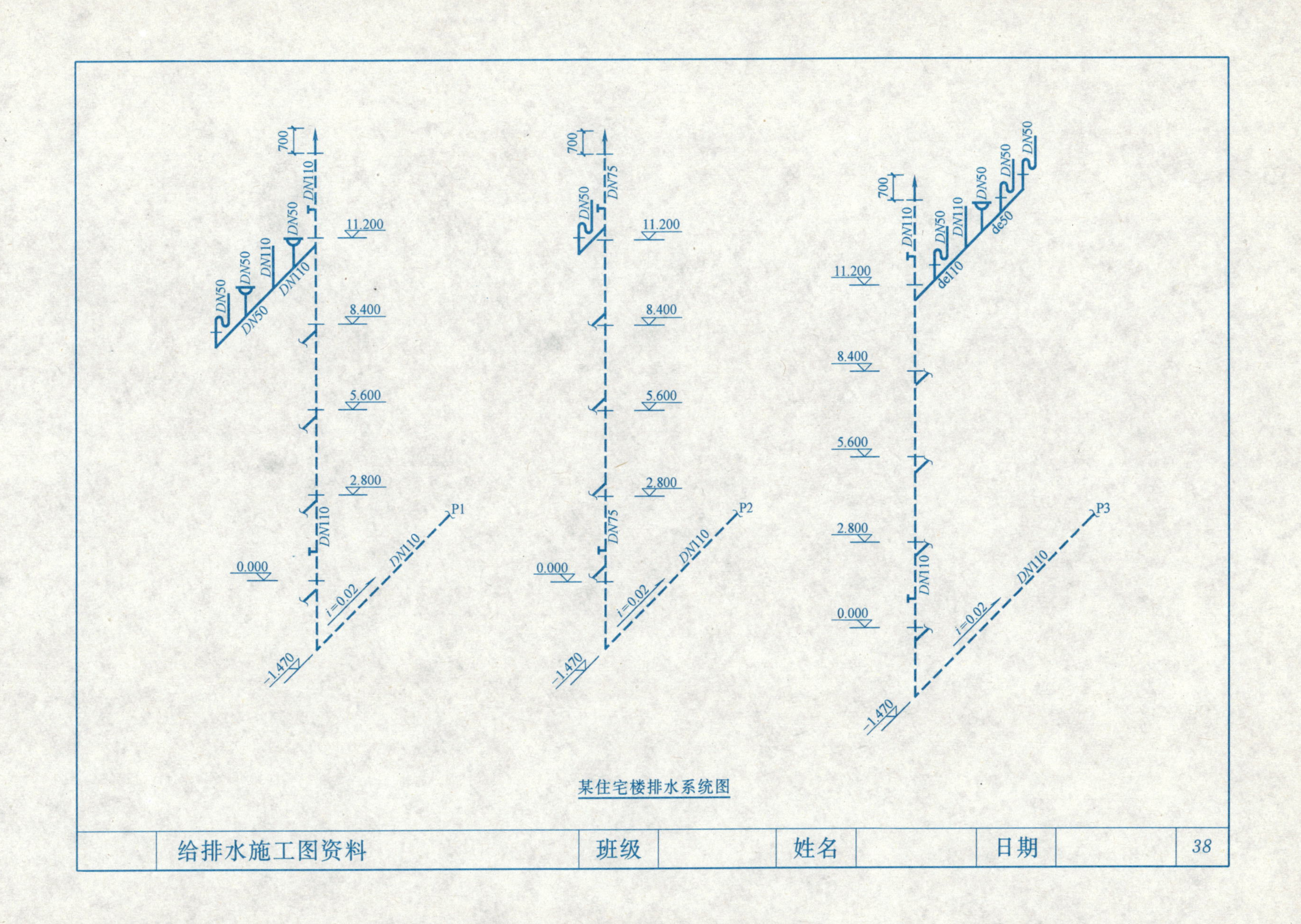

	给排水施工图资料	班级		姓名		日期		38

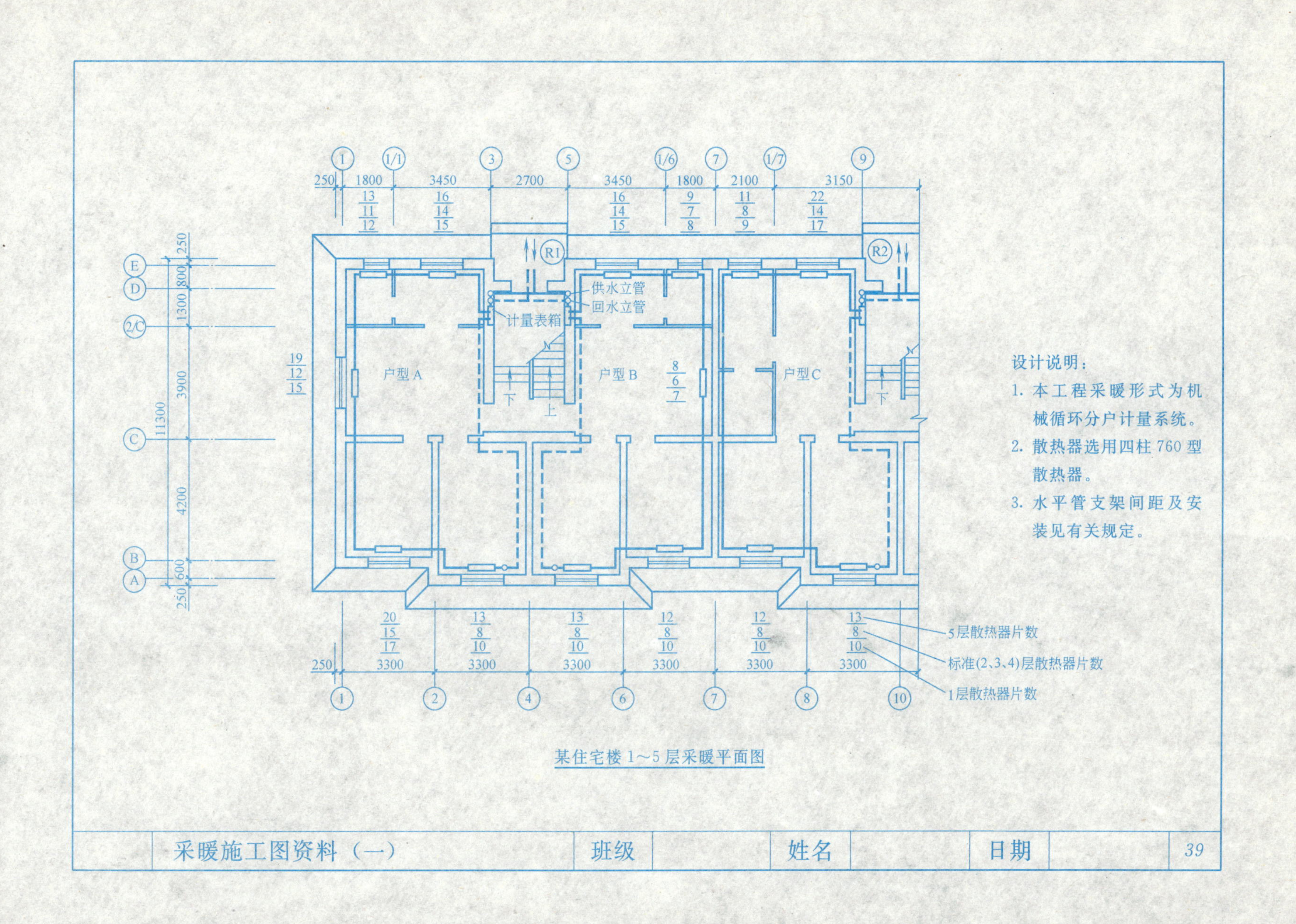
供水立管
回水立管
计量表箱
户型 A
户型 B
户型 C
R1
R2
下
上
5层散热器片数
标准(2、3、4)层散热器片数
1层散热器片数
设计说明：
1. 本工程采暖形式为机械循环分户计量系统。
2. 散热器选用四柱 760 型散热器。
3. 水平管支架间距及安装见有关规定。
某住宅楼 1～5 层采暖平面图
采暖施工图资料（一）
班级
姓名
日期

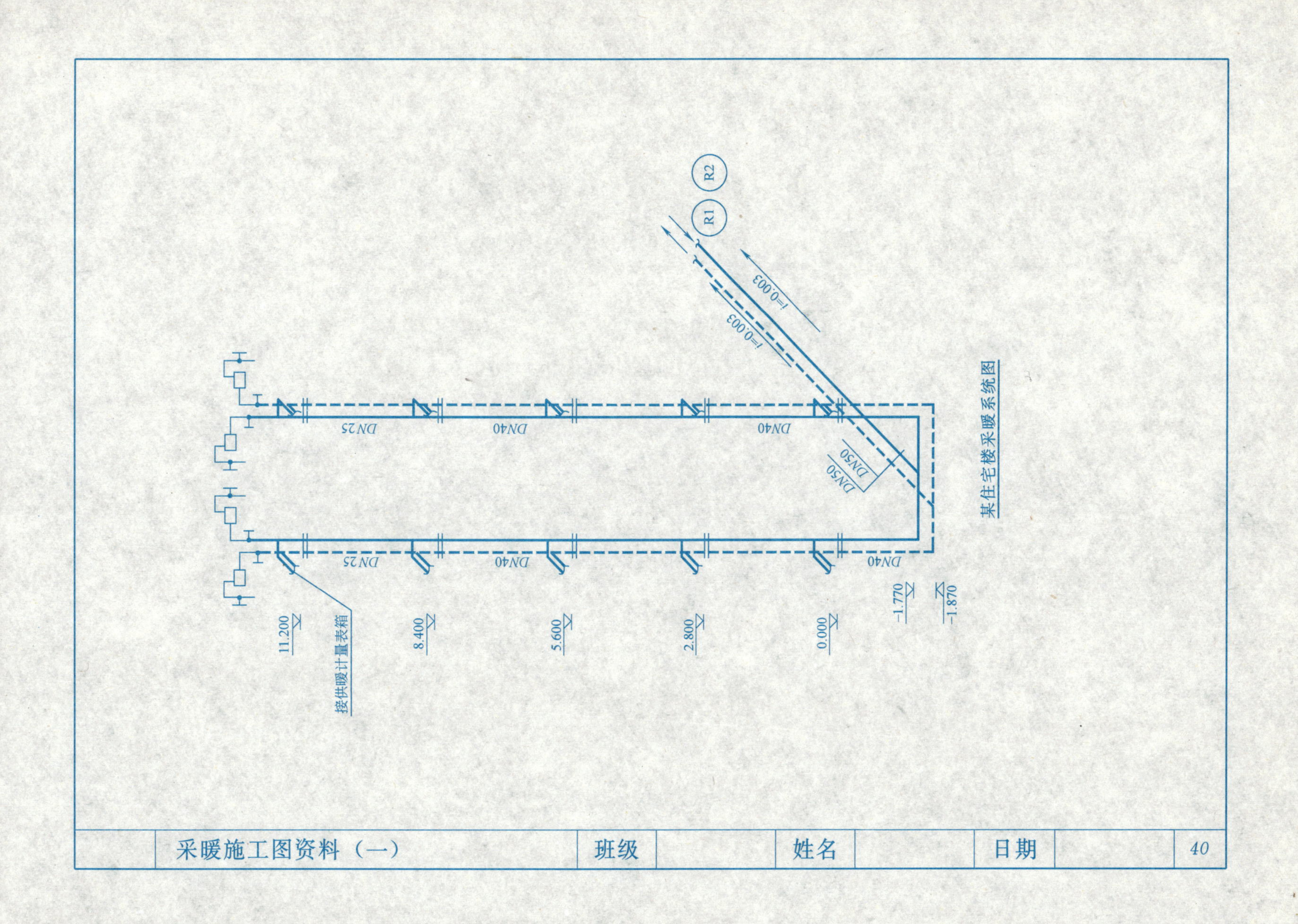

采暖施工图资料（一）	班级		姓名		日期	

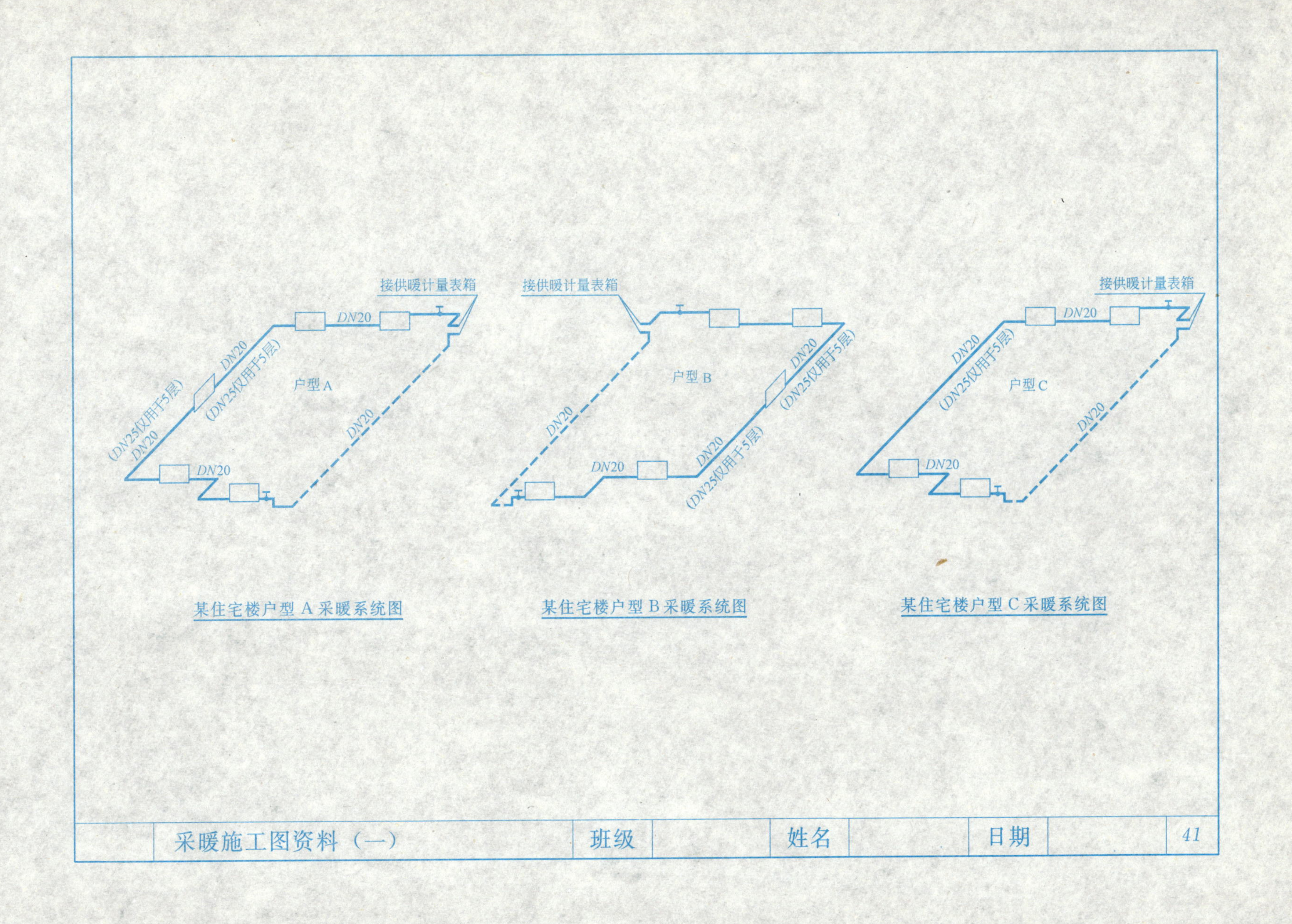

某住宅楼户型A采暖系统图

某住宅楼户型B采暖系统图

某住宅楼户型C采暖系统图

	采暖施工图资料（一）	班级		姓名		日期		41

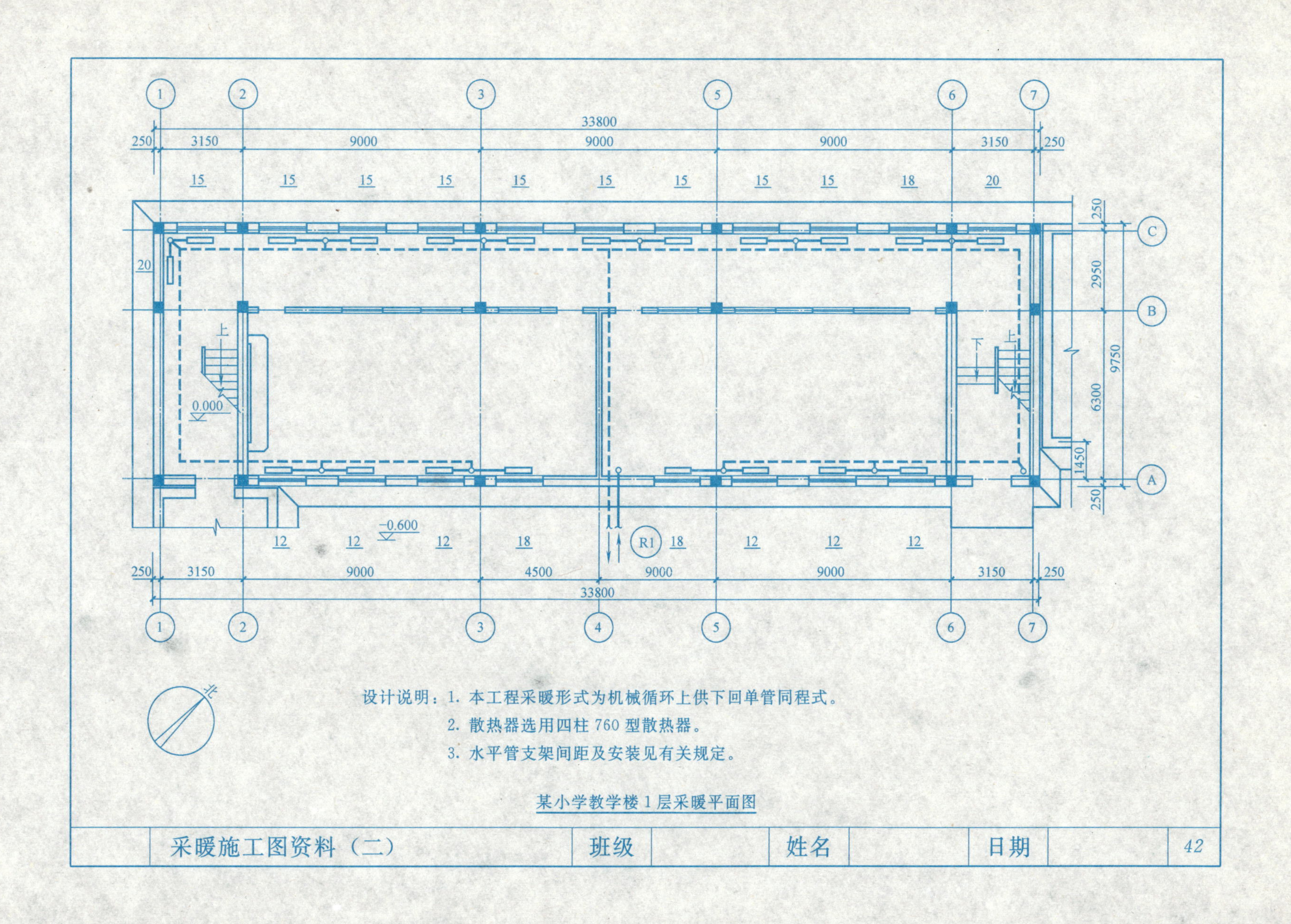
1 2 3 5 6 7
33800
250 3150 9000 9000 9000 3150 250
15 15 15 15 15 15 15 15 15 18 20
20
C B A
250 2950 9750 6300 1450 250
上
下
0.000
−0.600
R1
12 12 12 18 18 12 12 12
250 3150 9000 4500 9000 9000 3150 250
33800
1 2 3 4 5 6 7
北
设计说明：1. 本工程采暖形式为机械循环上供下回单管同程式。
2. 散热器选用四柱 760 型散热器。
3. 水平管支架间距及安装见有关规定。
某小学教学楼 1 层采暖平面图
采暖施工图资料（二）
班级
姓名
日期
42

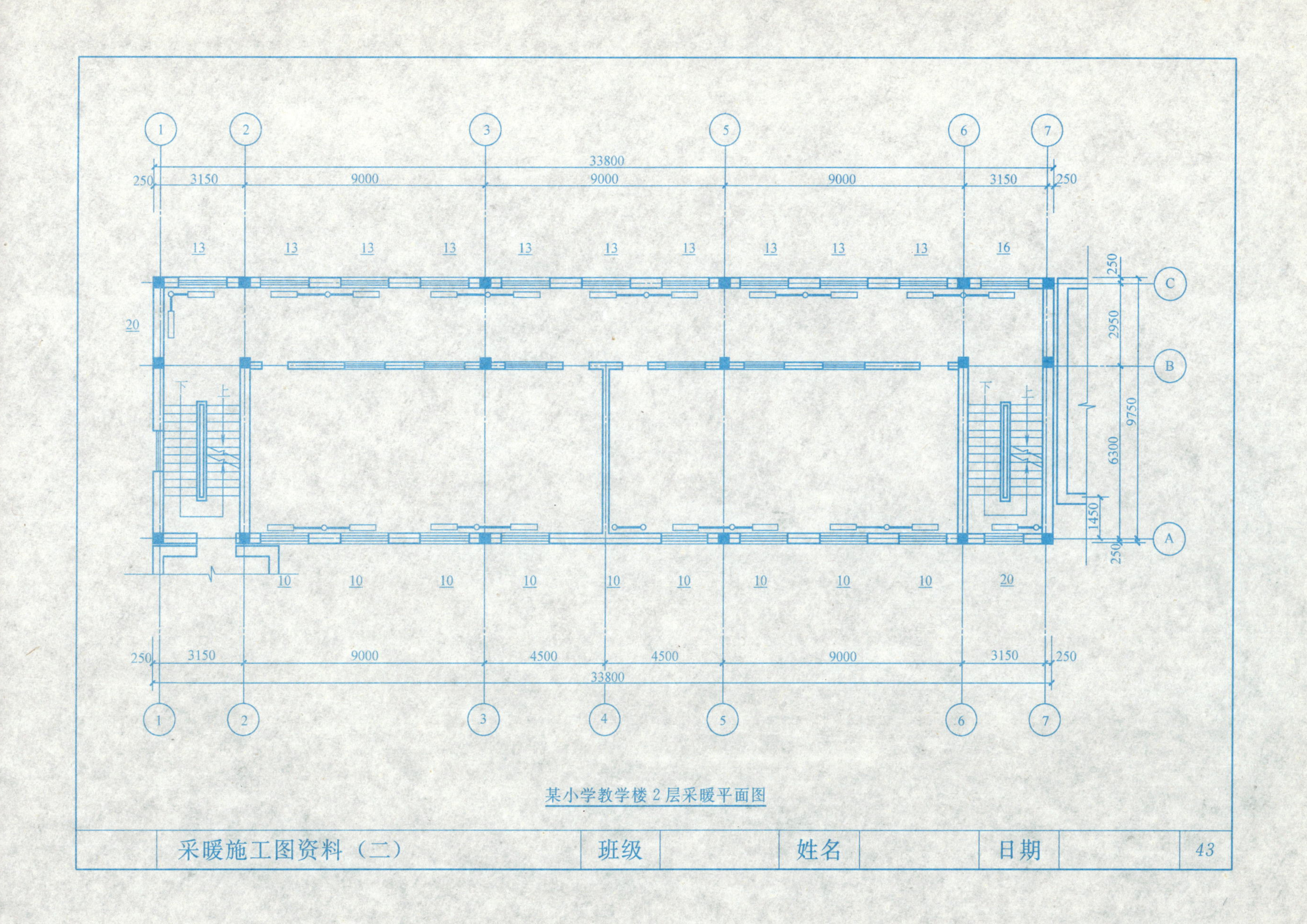

某小学教学楼2层采暖平面图

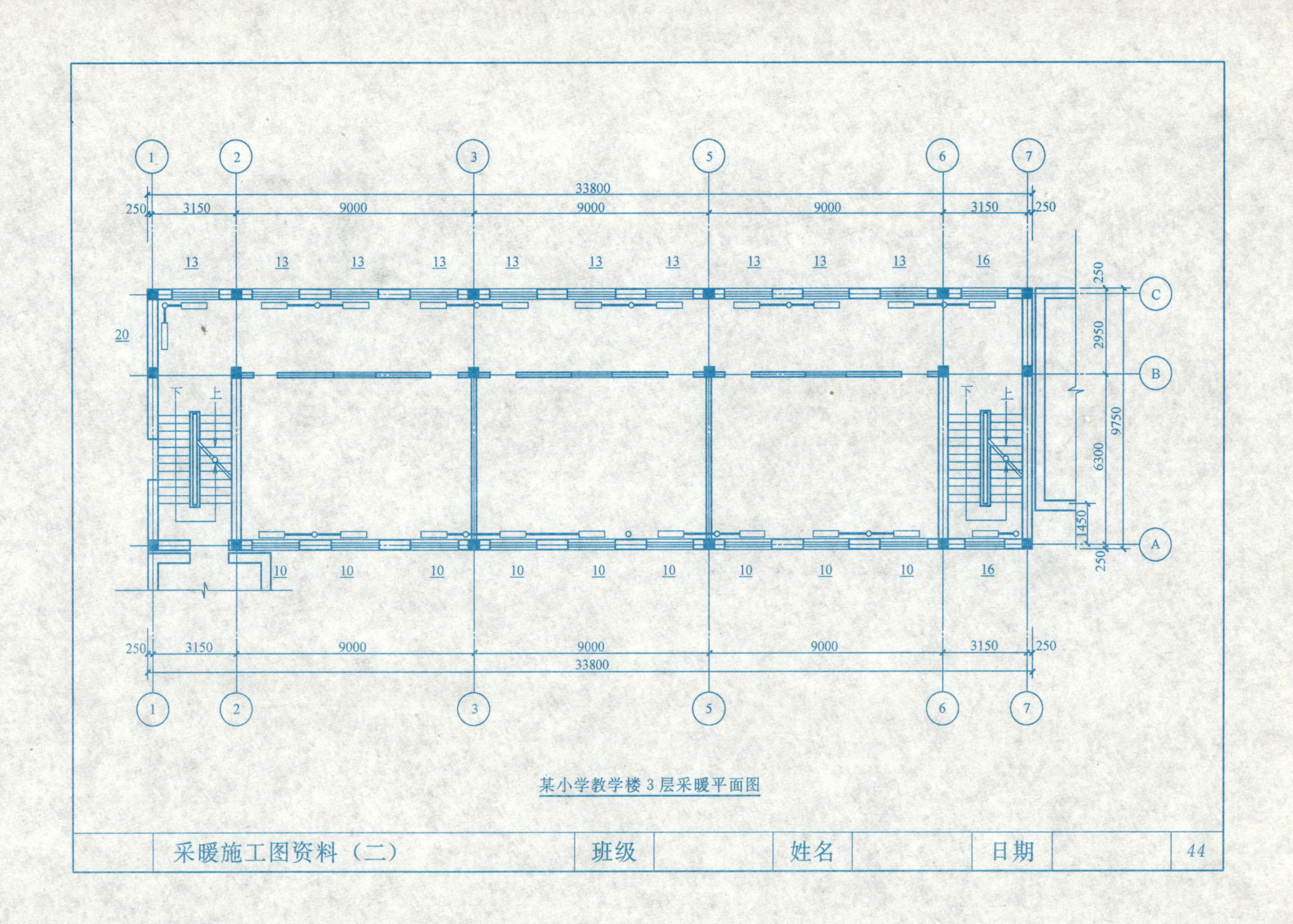

某小学教学楼 3 层采暖平面图

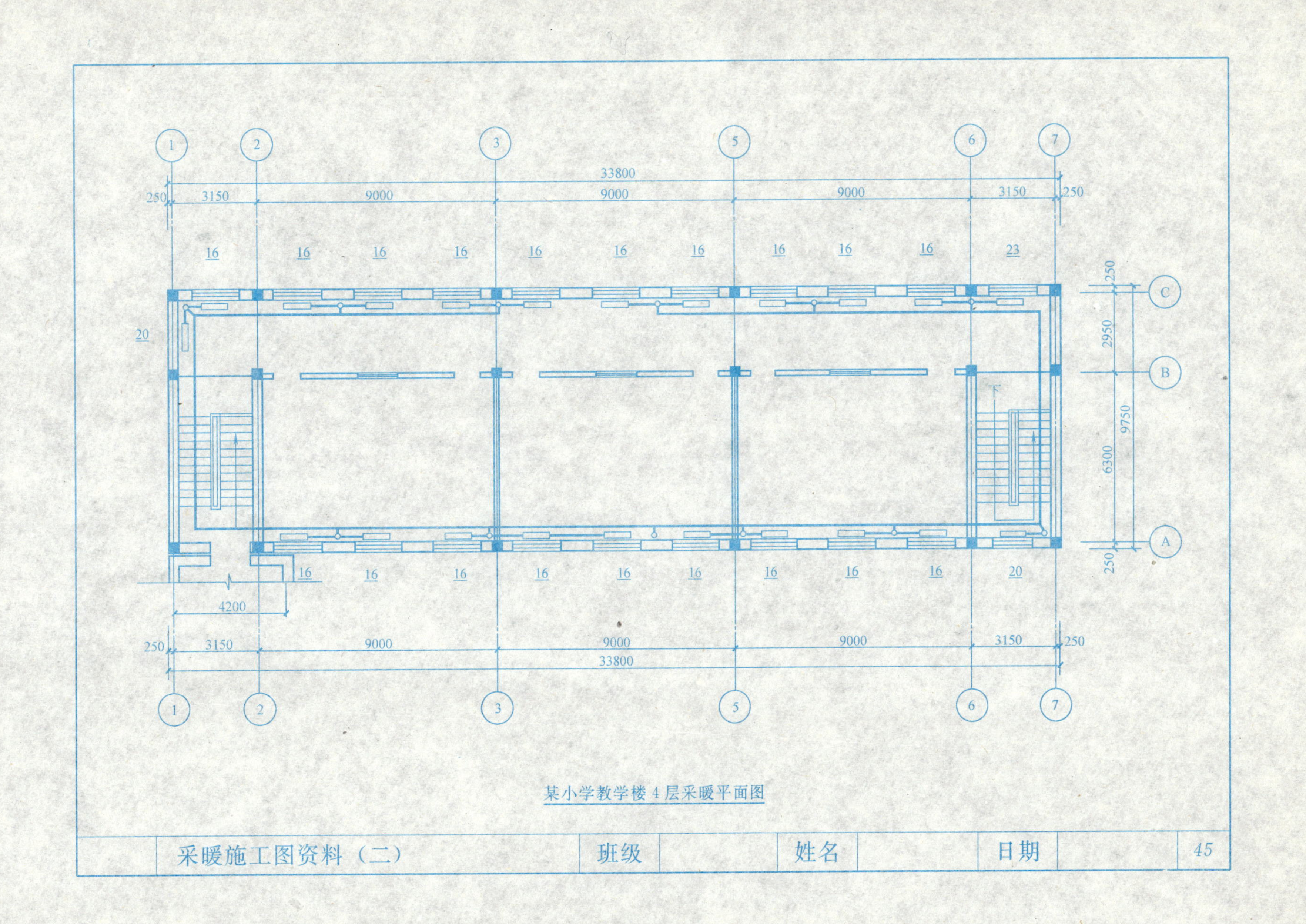

某小学教学楼4层采暖平面图

	采暖施工图资料（二）	班级		姓名		日期		45

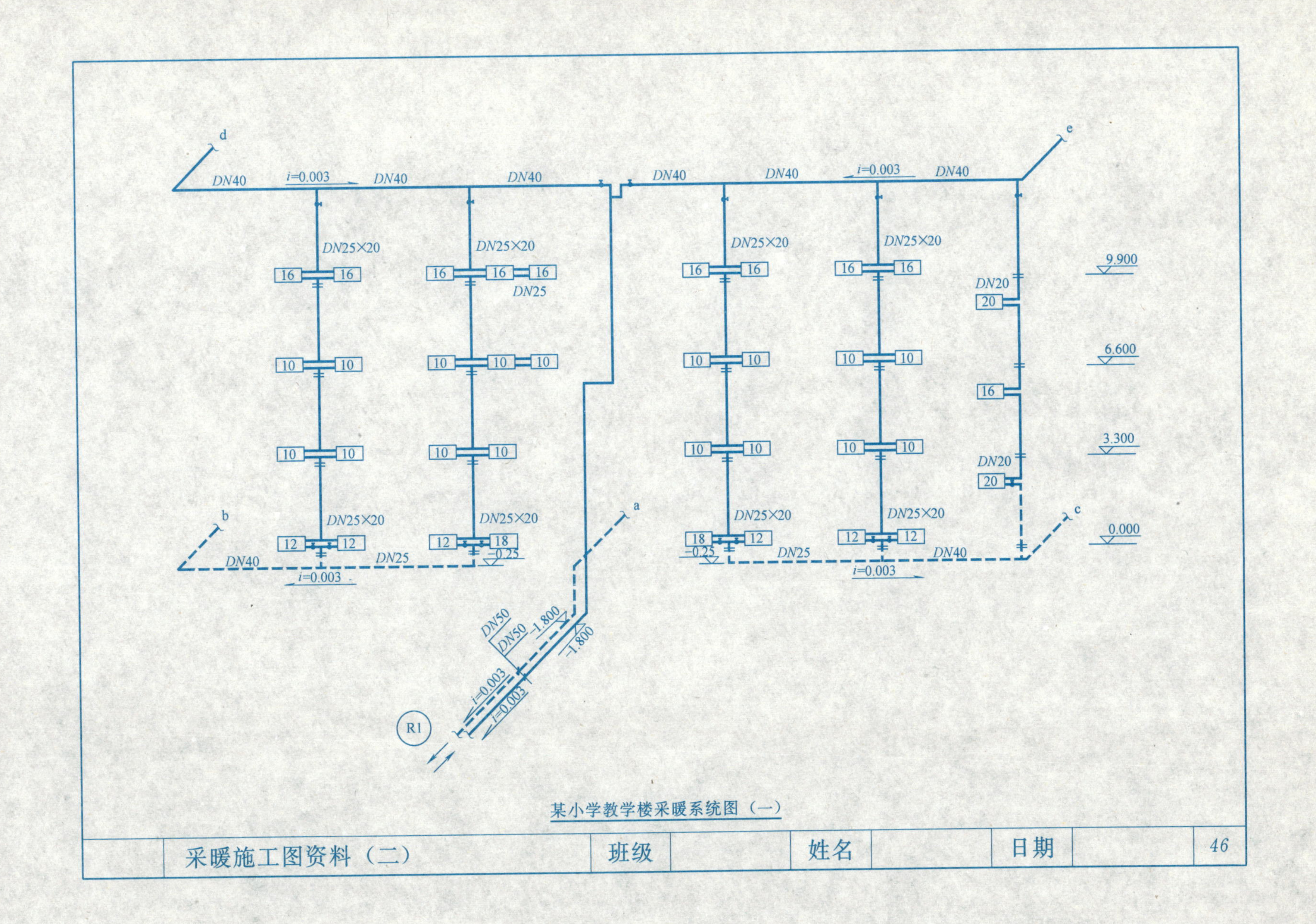

某小学教学楼采暖系统图（一）

	采暖施工图资料（二）	班级		姓名		日期		46

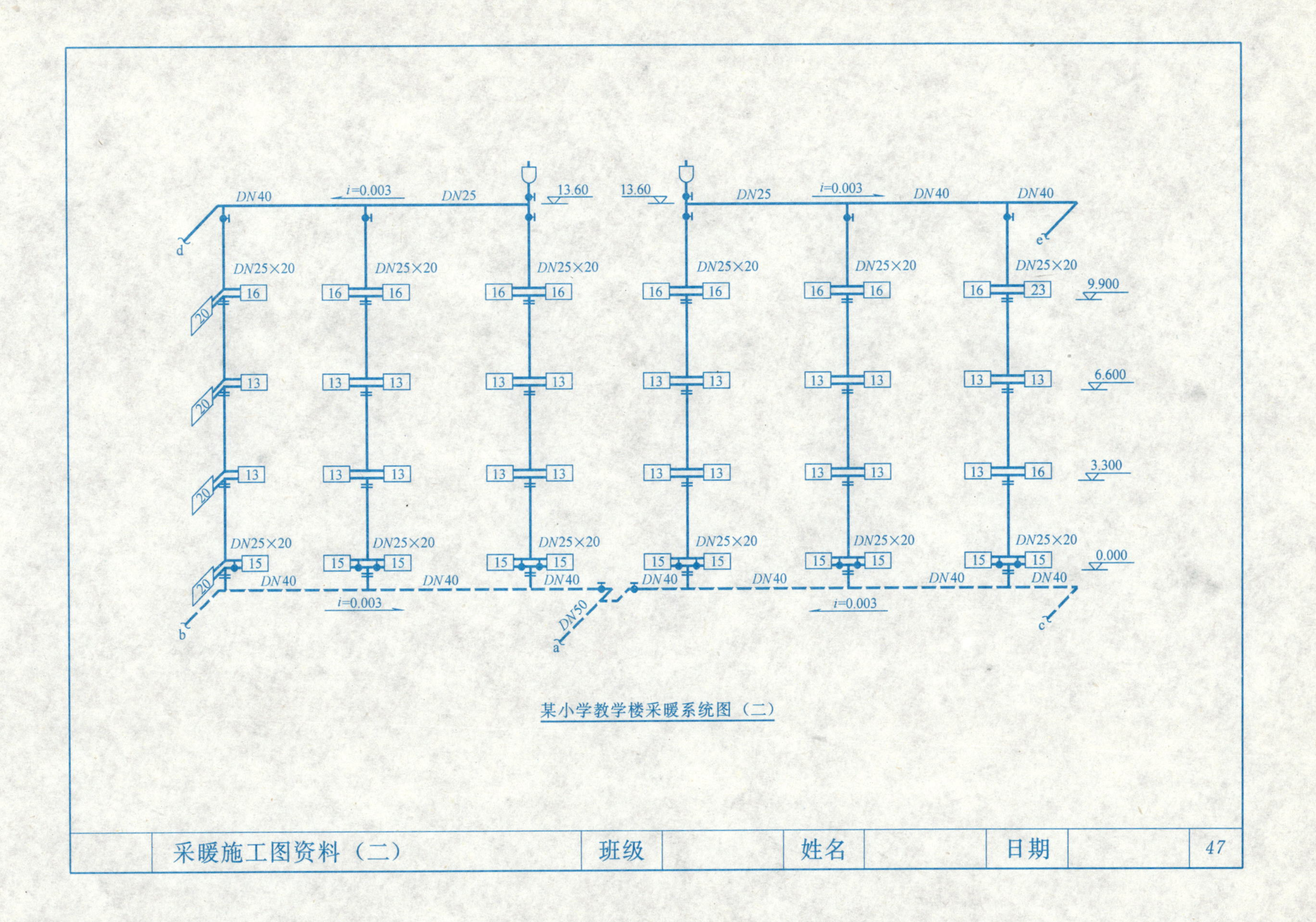

某小学教学楼采暖系统图（二）

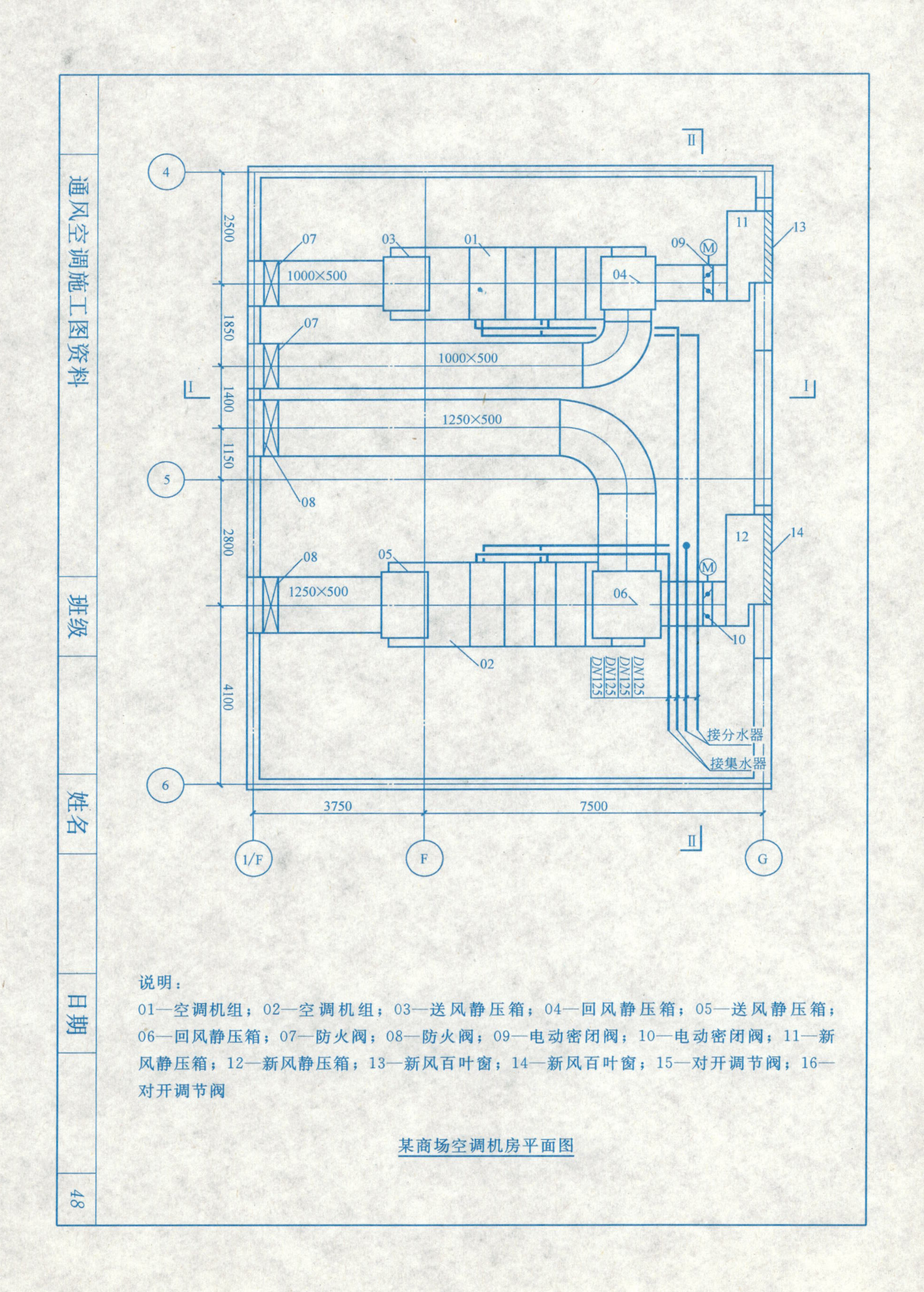

2500
1850
1400
1150
2800
4100
3750
7500
4
5
6
1/F
F
G
Ⅰ
Ⅱ
1000×500
1250×500
DN125
DN125
DN125
DN125
接分水器
接集水器
说明：
01—空调机组；02—空调机组；03—送风静压箱；04—回风静压箱；05—送风静压箱；06—回风静压箱；07—防火阀；08—防火阀；09—电动密闭阀；10—电动密闭阀；11—新风静压箱；12—新风静压箱；13—新风百叶窗；14—新风百叶窗；15—对开调节阀；16—对开调节阀
某商场空调机房平面图
通风空调施工图资料
班级
姓名
日期
48

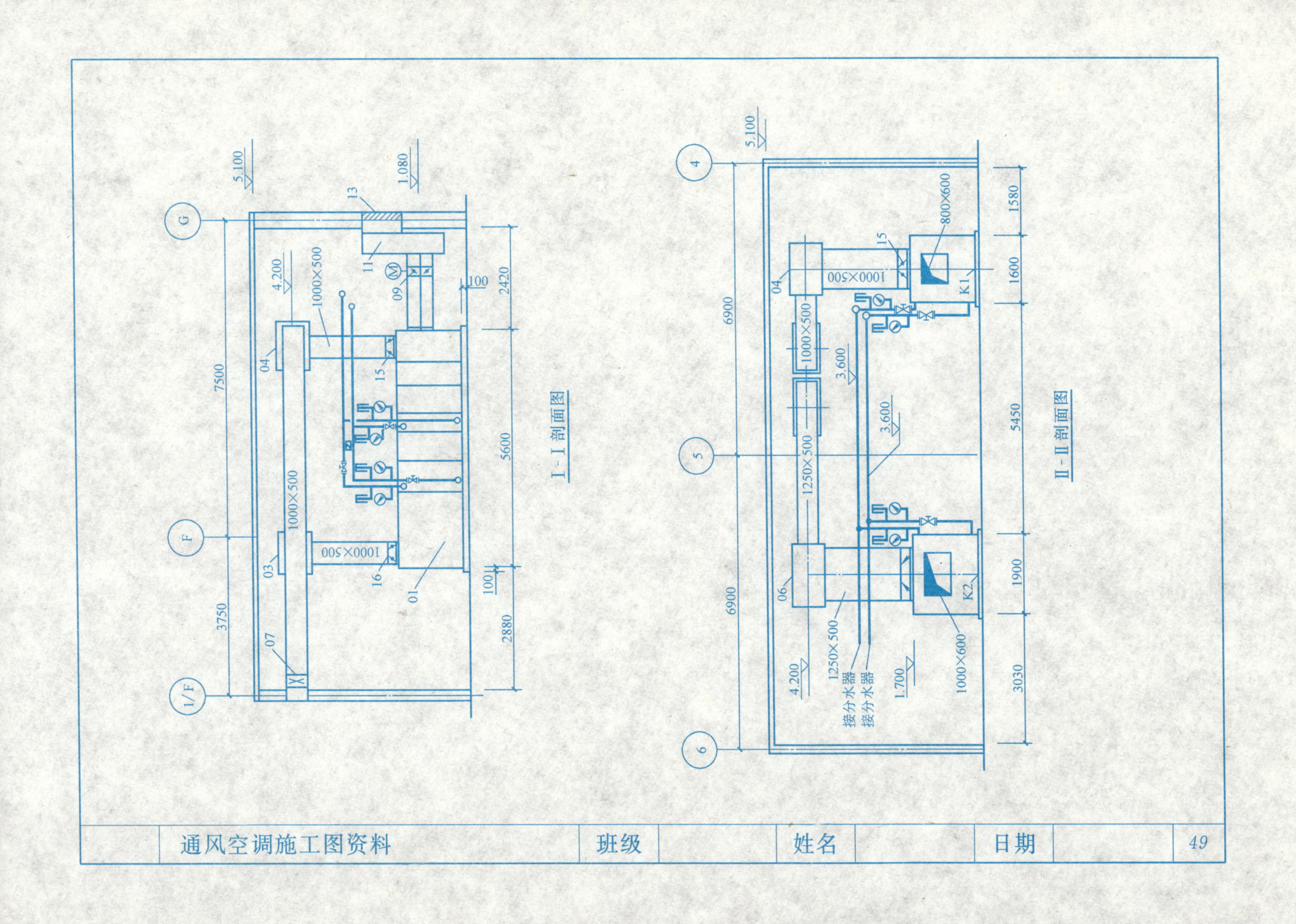

通风空调施工图资料 | 班级 | | 姓名 | | 日期 | |

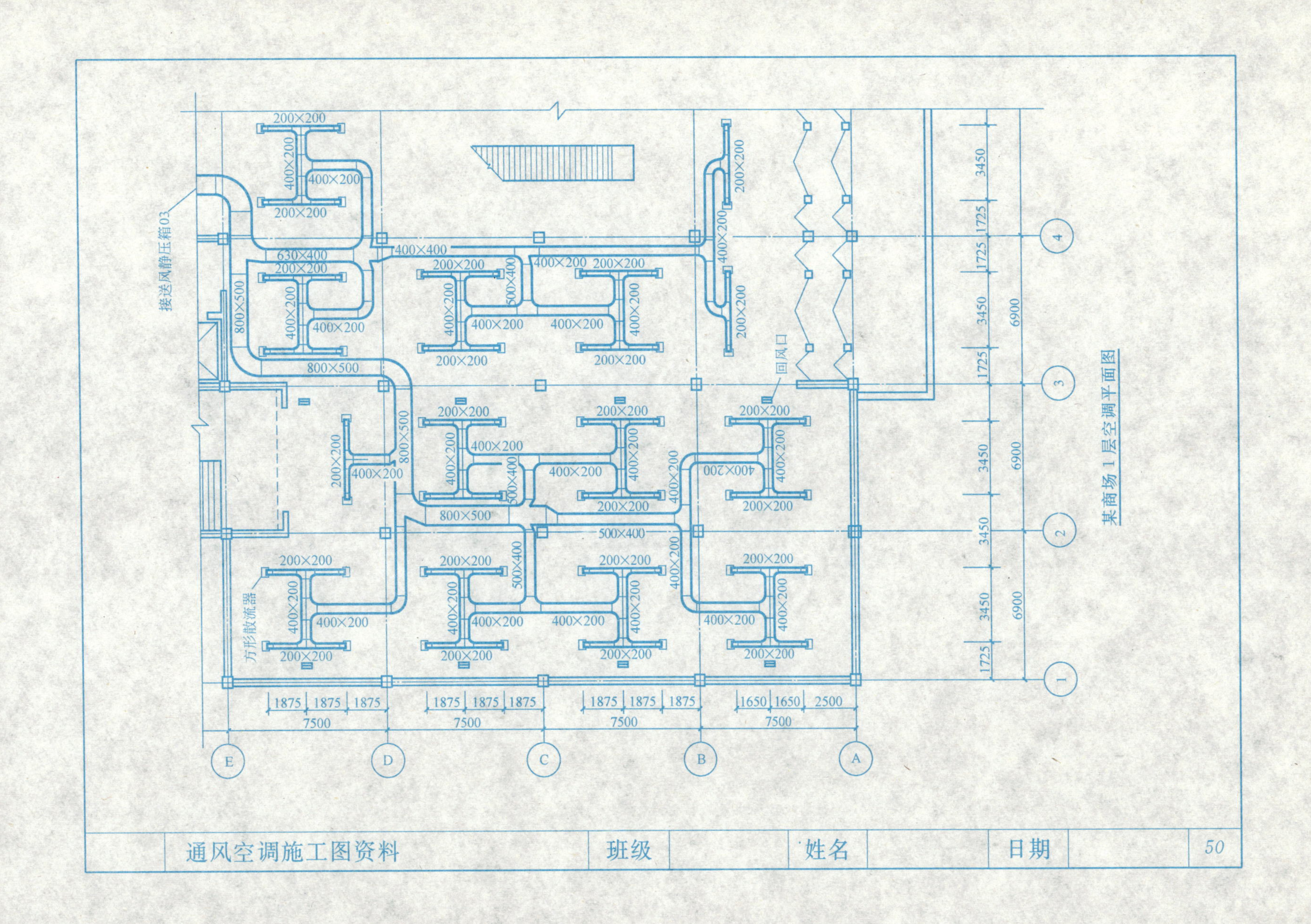
某商场1层空调平面图
接送风静压箱03
方形散流器
回风口
200×200
400×200
400×400
630×400
800×500
500×400
1875
1650
2500
7500
3450
1725
6900
E
D
C
B
A
1
2
3
4

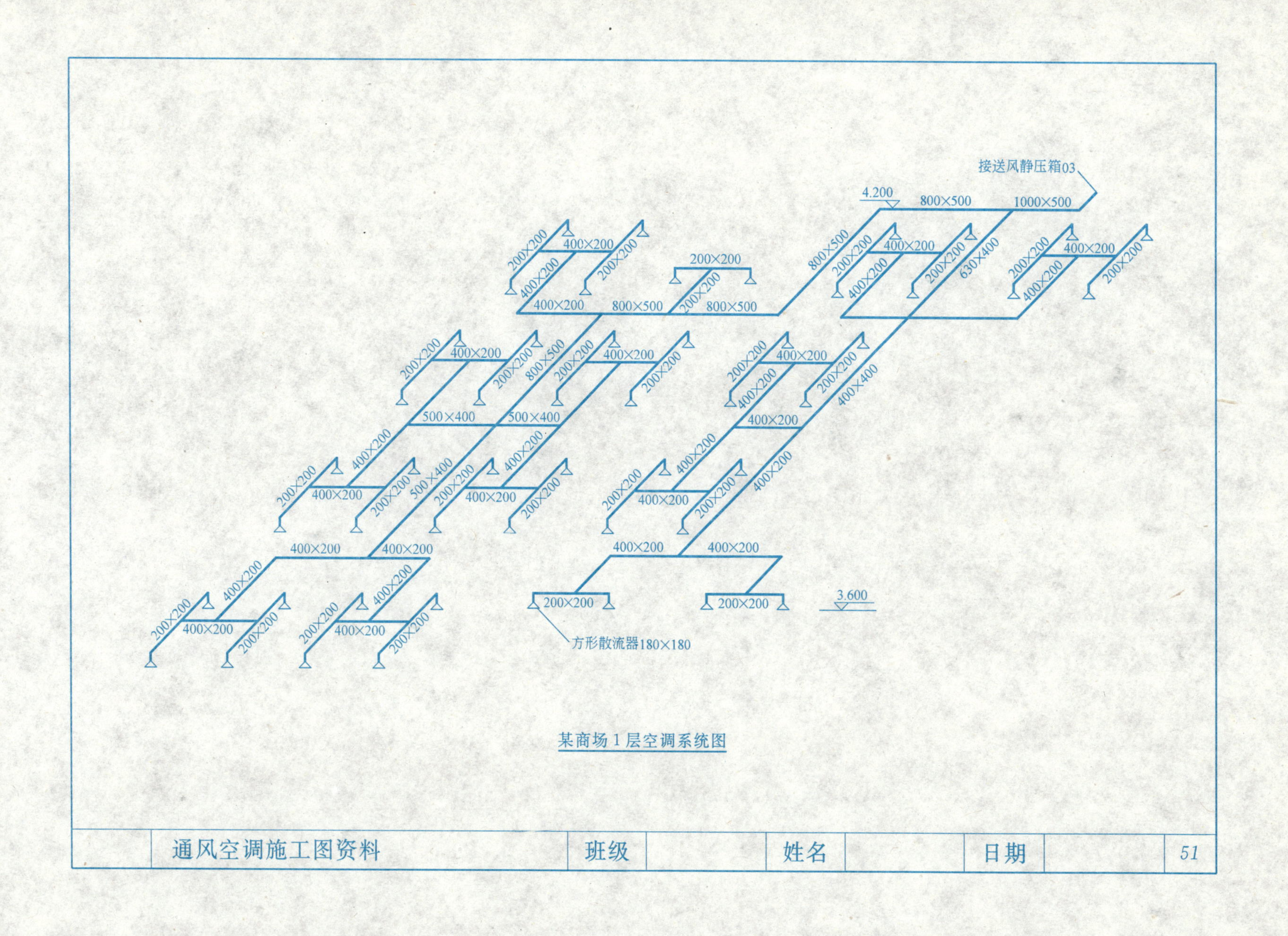
接送风静压箱03
4.200
800×500
1000×500
200×200
400×200
400×200
800×500
630×400
400×500
500×400
400×400
500×400
3.600
方形散流器180×180

某商场1层空调系统图